JN292160

見直せ 日本の食料環境
― 食生活と農業と環境を考える ―

橋 本 直 樹

養 賢 堂

は じ め に

　人間の活動の根源は食べることである。その大切な食料を生産する農業は森林を切り倒し、野山を開墾して耕地を産み出すことから始った。今日でも途上国では爆発的に増加する人口を養うだけの食料を生産しきれず、頻繁に焼畑を繰り返し過度な耕作、放牧を行っているので森林が消滅し、耕地が砂漠化している。先進国では化学肥料と農薬を多用して食料の増産が進められたが、これら化学物質は環境を汚染し、野生の生態系や住民の健康に悪影響を及ぼすことになった。20世紀の後半,人間の活動が余りにも拡大したために、自然の物質循環を崩し、資源を枯渇させ、地球規模での環境の悪化を招くこととなった。食するという行動においても例外ではないのである。
　わが国においても食料を巡る事情は随分と危ない状態にある。
　わが国では飽食ともいえる豊かな食生活を続けるための食料を国内農業だけでは賄いきれず、食料の大半を海外から輸入している。だから、食料自給率は僅か40％に過ぎなくなり、来るべき世界的な食料危機に備えかねている。国内農業はといえば、戦後の食料不足を補うために化学肥料と農薬を多用して精一杯の増産を果したが、その結果、これら化学物質が田畑、河川を汚染して、われわれの健康にも悪影響を及ぼすことになった。
　便利さを追求するあまり、食事作りの大半を加工食品と外食に依存するようになったから、目の届かないところで使用される農薬や食品添加物の危険性に怯えなければならない。その上、輸入までして調達している食料の25％もが、食べ過ぎ、食べ残し、売れ残りなどで無駄に捨てられている。必要以上に豊かで、便利な食生活がもたらした大量の食べ残し、台所生ゴミや使い捨てられる食品容器、包装材などは大きな環境問題なのである。
　勿論、崩壊しかけている農業と農村を活性化して、自給率を回復させようとする官民の努力は既に始まっている。化学肥料と農薬の施用を極力減らして環境への負荷を少なくする環境保全型農業が徐々に普及し始めた。食品産業においても食品廃棄物、食品容器、包装のリサイクルを始めとして、ISO 14000活動など、環境保全活動に熱心に取組むようになった。食の安全性を確保するために食品行政制度もこの数年で一段と充実してきている。

はじめに

　人体に例えれば、栄養やエネルギーを供給する動脈流ばかりでなく、その老廃物を回収する静脈流があってこそ、生命が保たれるのである。縦糸に横糸がしっかり絡まねば丈夫な織物は織りあがらぬように、「食」環境を改善するために消費者と農家と食品産業が一体となって協力し、日常的に活動する時代になろうとしている。

　本書では、農業による作物の生産から始まり、農作物、畜産物の加工、流通、調理、そして食生活,食べ残しの廃棄に至るまでの「食のライフサイクル」に潜んでいる環境課題を、技術と経済の両面から探り出して来るべき持続可能な循環型社会における日本の食と農のあり方を考えてみた。われわれは毎日の食生活を通じて自ら健康づくりをすることを忘れ、農業と農村の大切さを忘れ、国土の環境をも傷つけてしまった。世界を見れば途上国に8億人の飢餓に苦しむ人々がいる。21世紀には、どのように耕し、どのように食べればよいのかを考えていただければ幸いである。

　著者の問題提起を採り上げて刊行して下さった養賢堂社長 及川　清氏、編集に格別のご尽力を頂いた同社編集部 矢野勝也氏に厚く感謝いたします。

　　2004年の初夏

　　　　　　　　　　　　　　　　　　　　　　　　　　　　　著　者

目　次

第1章　豊かに、便利になりすぎた食生活 ……………………………1
　1. 食生活に潜む環境問題 ……………………………………………1
　2. 輸入食料に依存する日本の食生活 ………………………………2
　3. 調理は外部産業に依存 ……………………………………………5
　4. 食料品の流通、購買革命 …………………………………………8
　5. 豊かになり、便利になった食生活の蔭で ………………………10

第2章　食の安全性は確保できているか …………………………15
　1. 最近気になる食の安全性 …………………………………………15
　2. 食品添加物を安全に使用するために ……………………………15
　3. 残留農薬に新しい心配が増えた …………………………………22
　4. 環境ホルモンと食生活 ……………………………………………24
　5. 遺伝子組換え農産物は誤解されている …………………………30
　6. 狂牛病騒動はリスクマネジメントの不備から …………………32
　7. 食生活の安全と安心 ………………………………………………34

第3章　日本では食料を自給できないのか ………………………38
　1. 食料自給率が40％になった ………………………………………38
　2. 食料自給率が低下した背景は豊かになった食生活 ……………39
　3. 豊かになった食料需要を賄えるだけの生産能力はない ………41
　4. 自給率の低下に拍車をかけた農産物貿易摩擦 …………………45
　5. 自給率の回復には消費者と生産者が協同して …………………48

第4章　飽食と飢餓が共存しているのに …………………………53
　1. 地球が養える人口は ………………………………………………53
　2. 世界で8億人が飢えている ………………………………………56
　3. 人口増加による食料不足が自然を破壊している ………………59
　4. 日本は食料をどうして調達してきたか …………………………60

5. 食料危機が襲来するならば ･････････････････････････････････ 62

第5章　農業も環境を傷つけている ･････････････････････････ 67
1. 農業が自然の物質循環を乱し始めた ･･････････････････････ 67
2. 農業と地球温暖化 ･･････････････････････････････････････ 69
3. 農業による窒素の循環 ･･････････････････････････････････ 71
4. 農業によるリンの循環 ･･････････････････････････････････ 76
5. 農業に欠かせない水資源とその汚染 ･･････････････････････ 78
6. 農薬による環境汚染 ････････････････････････････････････ 80

第6章　日本の水は大丈夫か ･････････････････････････････････ 84
1. 日本の水資源とその汚染 ････････････････････････････････ 84
2. 生活排水による水質汚染 ････････････････････････････････ 89
3. 飲用水は安全か ･･ 92
4. 地下水の汚染 ･･ 97

第7章　食品産業と環境問題 ･････････････････････････････････ 100
1. 食品産業を取りまく環境 ････････････････････････････････ 100
2. 環境行政の歩みと食品産業 ･･････････････････････････････ 101
3. 食品産業と大気汚染、水質汚濁、二酸化炭素の排出 ････････ 103
　(1) 大気汚染対策 ･･ 103
　(2) 水質汚濁対策 ･･ 104
　(3) 環境汚染物質登録制度 ････････････････････････････････ 104
　(4) 二酸化炭素削減計画 ･･････････････････････････････････ 105
4. 食品産業の廃棄物処理とリサイクル ･･････････････････････ 108
5. 食品安全性への取り組み ････････････････････････････････ 112
6. 食品産業の環境マネジメント ････････････････････････････ 114

第8章　日本の農業を救う環境価値 ･･･････････････････････････ 118
1. 農業と農村に期待する環境保全 ･･････････････････････････ 118
2. 日本の農業の構造的弱点 ････････････････････････････････ 121

3.農業の構造改革が遅れた ………………………………………… 122
　4.食料、農業、農村基本法が目指すもの ………………………… 125
　5.農業を持続可能なものにするために …………………………… 128
　　(1) 環境保全型農業 ……………………………………………… 128
　　(2) 地産地消活動 ………………………………………………… 129
　　(3) 国産農作物の安全性確保 …………………………………… 130
　　(4) 消費者の農業体験の推進 …………………………………… 130

第9章　持続循環型社会における農と食 …………………………… 132
　1.循環型社会を構築するために …………………………………… 132
　2.循環型社会における農業とは …………………………………… 135
　　(1) 焼畑農業 ……………………………………………………… 135
　　(2) 中国の生態農業 ……………………………………………… 136
　　(3) 韓国の親環境農業 …………………………………………… 136
　　(4) 台湾の有機農業 ……………………………………………… 136
　　(5) アメリカの抵投入農業 ……………………………………… 137
　　(6) EU諸国の粗放化持続農業 …………………………………… 137
　3.わが国の環境保全型農業 ………………………………………… 138
　4.有機栽培農業の現状 ……………………………………………… 143
　5.食生活と食品廃棄物 ……………………………………………… 145

参考書と統計資料 ……………………………………………………… 149

第 1 章　豊かに、便利になりすぎた食生活

1. 食生活に潜む環境問題

　20世紀の後半、人間の産業活動があまりにも拡大したために、自然の物質循環を崩し、資源を枯渇させ、地球規模での環境の悪化を招いた。人間は食物を食べて生き、成長し、活動するのであるから、人間の活動の根源は食べることにあるといえる。その食物を生産する農業は森林を切り倒し、野山を開墾して耕地を産み出すことから始まった。今日でも途上国では、爆発的に増加する人口を養うだけの食料を生産しきれず、頻繁な焼畑や過度の耕作、放牧を繰り返して森林を消滅させ、耕地を砂漠化している。わが国を含めて先進国では化学肥料と農薬を多用して食料の増産を進めたが、これら化学物質は環境を汚染し、野生の生態系や住民の健康に悪影響を及ぼすことになった。

　わが国の食生活は第二次大戦後、未曾有の大変化を遂げた。食事内容が洋風化して、多様かつ豊富になったのである。しかし、その豊かになった食生活を続けるための食料を国内農業だけでは賄いきれず、大半を海外から輸入している。それに伴い農業に使用する農薬や化学肥料の環境汚染まで海外諸国に押し付けているといえる。便利さを追求するあまり、食事作りの大半は加工食品と外食に依存するようになったから、知らないうちに使用されている食品添加物の危険性に怯えることになる。必要以上に豊かで、便利な食生活がもたらした大量の食べ残し、生ゴミや使い捨てられた食品容器、包装材などが大きな環境問題になっている。

　拡大した食料需要を賄うために、国内農業の「工業化」、海外から大量の食料輸入、加工食品、調理食品の増加、外食産業の拡大、スーパーマーケット、コンビニなどによる流通革命などが出現した。これら経済効率優先のフードシステムに潜む環境問題を考えるに先立ち、まず、出発点となる食生活の変化と現

(2)　第1章　豊かに、便利になりすぎた食生活

状を理解しておこう。

2．輸入食料に依存する日本の食生活

　昭和初期、1930年代までの食生活は豊かなものでなかった。米飯を主として、穀物から摂取エネルギーの75％を摂り、副食は野菜、大豆、魚を主体とした一汁一菜であったから、動物性タンパク質と脂肪に乏しい食事であった。摂取エネルギーは1人1日2200キロカロリーを辛うじて確保していたものの、栄養素のバランスを示す摂取エネルギーのPFC比率はタンパク質が11％、脂質が6％、炭水化物が83％であり、栄養状態は良いものではなかった。国民の体位は貧弱で、平均寿命も男性は45歳、女性は47歳に過ぎなかったのである。

　戦後、わが国は穀物中心の食生活から脱却して、肉料理、油料理を多く摂る欧米型の食生活に転換することにより栄養状態を改善し、国民体位の向上、平均寿命の伸長を果たした。米や穀物、いもなど、炭水化物の摂取が急激に減り、肉、卵、牛乳など動物性タンパク質と油脂の摂取が大幅に増えたのである。その甲斐があって、1975年頃になると摂取エネルギーのPFC比率はタンパク質が12～13％、脂肪が20～25％、炭水化物が57～68％という理想的なバランスに収まるようになった。最近の約15年を通じて1人当たりの栄養摂取量を栄養所要量と比較してみると、日本人は平均値を見るかぎりでは、カルシウムが少し不足していることを除いて、どの栄養素も所要量を上回って十分に摂取

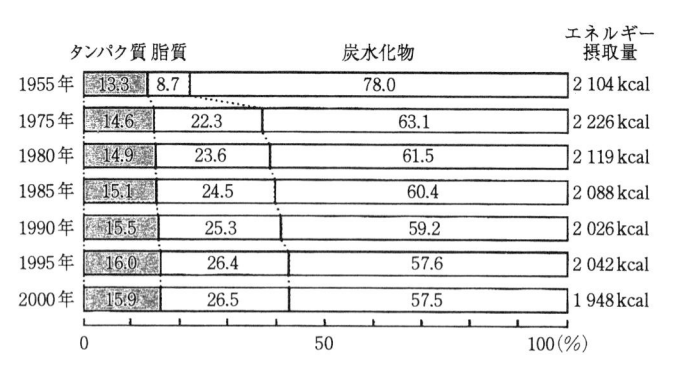

	タンパク質	脂質	炭水化物	エネルギー摂取量
1955年	13.3	8.7	78.0	2 104 kcal
1975年	14.6	22.3	63.1	2 226 kcal
1980年	14.9	23.6	61.5	2 119 kcal
1985年	15.1	24.5	60.4	2 088 kcal
1990年	15.5	25.3	59.2	2 026 kcal
1995年	16.0	26.4	57.6	2 042 kcal
2000年	15.9	26.5	57.5	1 948 kcal

図1.1　栄養素別エネルギー摂取バランスの改善（厚生労働省：国民栄養の現状による）

している。

　食事の内容が豊富になったにもかかわらず、日本人の1人当たり1日の総摂取エネルギーは平均値でみると栄養所要量に相当する2000キロカロリー前後に留まっている。欧米先進国では殆どが3000キロカロリー以上を摂取するまでに食べ過ぎて、特に脂肪によるエネルギー摂取比率が40％以上にも増加したから、肥満、高血圧、心臓疾患が急増して困っている。わが国ではまだ米など炭水化物からエネルギーの大半を摂り、脂肪の少ない魚をタンパク源として多く摂取しているために、脂肪によるエネルギー摂取比率は上限とされている25％を大きくは超えていない。しかし、年齢別に詳しく見ると男女ともに、50歳以上、特に60歳以上は10％を超えるエネルギーの過剰摂取になっている。タンパク質も摂りすぎていて、40～69歳の世代では25％以上の過剰摂取である。そのため、欧米先進国に比べれば程度は低いというものの、中高年は4人に1人が肥満になり、生活習慣病が蔓延してきている。その上に、食肉生産に使用された大量の飼料穀物や大豆のカロリーを加算した、いわゆるオリジナルカロリーは既に4000キロカロリーを越えていて、所要カロリーの2倍に近づいている。われわれは必要を超えた飽食を楽しんでいるのである。

　第二次大戦後の食料不足を克服して栄養摂取バランスがこのように理想的なまでに改善されてきたのは1975年頃なのであるが、質量共に豊かになったこの食料需要を賄う国内の農業生産は1970年頃までに増産の限界に達し、米以外の食料が不足し始めた。とくに、需要が激増した畜産物と油脂を生産するの

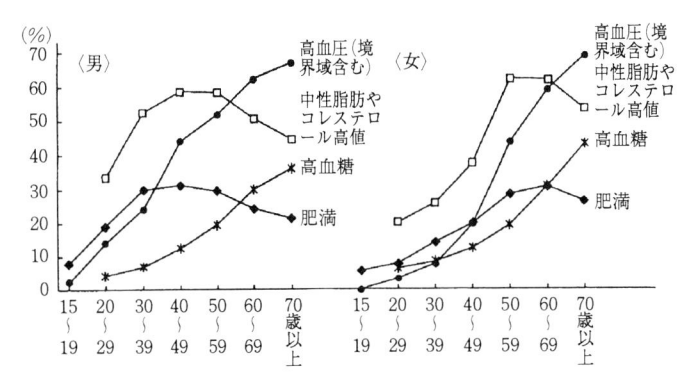

図1.2　中高年には生活習慣病が蔓延（厚生労働省：平成11年度、国民栄養の現状より）

第1章 豊かに、便利になりすぎた食生活

に使う飼料穀物、原料大豆などはもともと生産能力が小さく、戦後早くから殆どを輸入に頼っていた。2000年の食料需要量を1960年当時に比べてみると、人口は9300万人から1億2700万人へと1.4倍に増加しているが食料需要はそれを上回って増加している。米は0.8倍、小麦は1.6倍、豆類は2.6倍、野菜は、1.4倍、肉類は9.2倍、鶏卵は3.9倍、乳製品は5.7倍、魚介類は2.0倍、油脂類は4.3倍に増加している。そのため、1970年代以降はどの食料も増加しつづける需要を国内生産で賄いきれなくなり、不足する大量の食料を海外から輸入することになったから、穀物自給率は27％、総合食料自給率は40％にまで急速に低下してしまった。

2000年現在で、国内の農畜産業により米を主体とした穀物：1042万トン、いも類とでんぷん：686万トン、野菜：1372万トン、果実：385万トン、肉類：298万トン、鶏卵：254万トン、牛乳と乳製品：842万トン、魚介類：574万トン、砂糖：258万トン、油脂類：220万トンなど合計約6000万トン、10兆円の食料を生産し、一方で、海外から小麦や飼料用穀物など：2764万トン、豆類：517万トン、野菜：300万トン、果実：484万トン、肉類：276万トン、乳製品：395万トン、魚介類：588万トン、砂糖：208万トン、油脂類：73万トンなど約6000万トン弱、4兆円の食料を輸入しているのである。

表1.1 日本の食料需要（供給量）の増加　　　　　　　　　（単位：万t）

年度	米	小麦	豆類	野菜	肉類	鶏卵	乳製品	魚介類	油脂類
1960年	1262	397	208	1174	62	69	218	538	68
1965年	1299	463	262	1352	119	133	382	648	92
1970年	1195	521	388	1522	190	182	536	863	136
70/60	95％	131％	187％	130％	306％	235％	246％	160％	200％
1975年	1196	558	403	1590	288	186	616	1002	160
1980年	1121	605	489	1696	374	204	794	1073	207
1985年	1085	610	552	1732	432	220	879	1226	240
1990年	1048	627	530	1729	500	247	1058	1302	271
1995年	1049	636	538	1724	557	266	1180	1191	277
2000年	999	631	543	1672	568	266	1231	1085	290
00/60	79％	159％	261％	142％	916％	385％	564％	202％	426％

資料：農林水産省　平成12年度　食料需給表による国内消費仕向量を示す

3．調理は外部産業に依存

　生活が豊かになり、多様になるにつれて、家計支出に占める食料費の割合を示すエンゲル係数は低下し始めて1975年に30％になり、現在では23％にまで低下している。「生きるために食べる」ことに不自由がなくなると、人々は食以外のことに関心を移すのである。調理にかける時間と手間を省くため、生鮮食料品よりも加工食品、調理食品を使うことが多くなり、昼食はパン、ファーストフード、弁当、調理済み惣菜などで済ますようになる。そして、食事をする楽しみをレストラン、飲食店での外食に求めることが多くなった。

　家計食料費に加工食料品が占める割合は、1996年になると50％を超えている。加工食品の中でも小麦粉、パン、麺類、砂糖、異性化糖、牛乳、乳飲料、水産練り製品、塩干物、塩蔵水産物、ハム、ソーセージ類、豆腐、漬物、植物油、冷凍食材、醤油、味噌など、素材型の食材はその半分に過ぎなくなり、菓子、飲料、酒類など嗜好性食品と調理済み食品が増加して残り半分を占めるようになった。1995年現在でこれら加工食品の総生産額は37兆円にもなっている。

　増加した加工食品の中でも著しく伸びたのは調理済み食品である。米飯、調理パン、ハンバーグ、コロッケ、カツ、サラダなど調理済み食品は1965年には年間9000トンに過ぎなかったのに、その後の30年間で120万トンにまで急増した。熱湯を注げば食べられるカップヌードル、電子レンジで暖めれば直ぐに食べられるレトルト食品や調理済み冷凍食品などが開発された。食事の材料

表1.2　家計食料費に占める加工食品への支出増加　　　　（単位：％）

	1965年	1970年	1975年	1980年	1985年	1990年	1996年
加工食品	47.5 (44.0)	49.5 (44.6)	52.5 (46.6)	53.8 (46.4)	55.1 (46.8)	58.0 (48.5)	61.3 (50.5)
穀　物	19.3 (17.7)	13.7 (12.3)	9.9 (8.8)	9.5 (8.2)	9.4 (8.0)	7.5 (6.3)	6.2 (5.2)
生鮮食品	33.2 (30.8)	36.9 (33.2)	37.6 (33.3)	36.6 (31.6)	35.5 (30.1)	34.5 (28.8)	32.5 (26.8)
外　食	7.2	9.9	11.3	13.8	15.1	16.4	17.6

資料：総務庁「家計調査（全国・全世帯・品目分類）」より作成
注　：（　）は外食を入れた比率

を毎日買いに行く行動と、生鮮食材から料理を作るために長時間台所に立つ行動は、加工食品、特に調理済み食品の利用と、電気冷蔵庫、冷凍庫と電子レンジの普及とにより著しく軽減された。女性を台所から解放し、社会進出する余裕を与えたのである。現在では女性の労働力人口の 90 % が何らかの形で仕事をするようになったから、自らの手で食事を準備する時間的余裕は今後もますます少なくなっていく。

　調理済み食品に関連して、「中食」が 1980 年頃から急拡大しはじめ、市場規模は 80 年の 1 兆円から拡大しつづけて 2002 年には 5.8 兆円に達した。中食とは主に持ち帰り弁当屋、コンビニエンスストア、スーパーマーケットなどで販売されていて、持ち帰りをして食べる弁当、惣菜、ハンバーガー、調理パン、おにぎり、寿司などであり、ビジネスマンや学生、高齢者などの昼食、夕食に重宝がられている。忙しい現代社会では食事が不規則になったり、外食や中食に頼ることが多くなったりする。最近の国民栄養調査を見ると、朝食を摂らない人が 20 代の男性には 4 人に 1 人、女性には 7 人に 1 人あり、昼食を外食で済ます人は 20～30 歳代の男性なら 3 人に 2 人、女性でも 2 人に 1 人弱はある。2000 年の家計調査によると食料費の 11 % が調理食品に、17 % が外食に支出され、両者併せて食事ごしらえの外部依存率は 27 % にもなっている。家庭の台所仕事の 3 割が食品産業に肩代わりされているわけで、その比率は若年単身世帯になると 70 % にもなる。単身世帯では食事を作ってくれる人がいないし、単身でなくても少人数世帯だと出来上がった調理食品を購入するか、外食店で食べる方が時間や手間が要らず、食材も無駄にならず効率的なのである。生鮮食材を買ってきて家庭で調理し、家族揃って食べるという従来の食事形態から、調理済み食品を購入して 1 人で済ませたり、外食店に食べに行くというように変化しているのである。

　外食市場が拡大し始めたのは高度経済成長の恩恵を受けて、生活に余裕ができ、レジャーブームが起こる 1960 年代後半からである。日本住宅公団による団地建設がはじまったのは 1956 年である。住宅の団地化は核家族化を促進し、それまでの親と同居して教わるままに、主婦が生鮮食材を料理して食卓に出していた食事風景が変わり始めた。4 所帯に 1 台まで普及したマイカーでドライブを楽しみ、そのころ進出してきたばかりのファミリーレストランで食事をするというライフスタイルがよく見られるようになった。食のレジャー化が

3. 調理は外部産業に依存 （7）

始ったといえる。

1970年から1974年にかけて、現在の巨大な外食市場に主導的役割を果たしている近代的外食企業が一斉に誕生した。1970年に外資系のファーストフードレストラン、ファミリーレストランのチェーンが相次いで上陸し、それまで生業、家業として営まれていた飲食店業界がフランチャイズシステムとセントラルキチンを備えた外食産業に脱皮したのである。この時期は「外食元年」といわれていて、外食の市場規模は1974年の5兆円から2002年には25兆円にまで拡大した。今や、外食は日常的なものになり、その売上高は食のマーケット（食料品小売市場と外食産業市場）の29％を占め、人口1人当たりではアメリカの2倍にもなるという活況である。

かくして、国民全体が飲食に使った総金額は1995年で80兆円に膨脹した

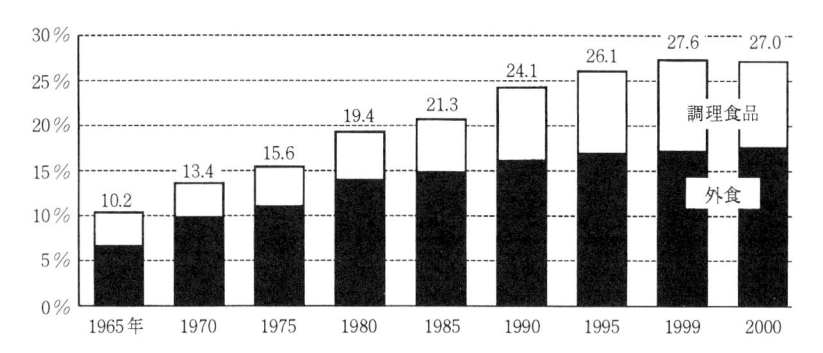

図1.3　食料費に占める外食費と調理食品費の増加（総務庁：家計調査による）

表1.3　外食産業と中食産業の市場規模

	外食産業		料理品小売業	
1975年	86,257億円	(100)	4,170億円	(100)
1980	147,171	(171)	11,149	(267)
1985	194,072	(225)	16,477	(395)
1990	258,692	(300)	29,567	(709)
1995	280,612	(325)	38,217	(916)
1997	296,778	(344)	43,041	(1032)

注1：外食産業の市場規模は、「広義の外食」＝「外食」＋「料理品小売業」となる。ただし、外食と料理品小売業両方に「事業所給食・弁当給食」が含まれている。
　2：カッコ内は1975年を100とした指数値
資料：外食産業総合調査研究センター、外食産業統計資料集より

が、そのうち食料原料を生産した農水産業の収入になるのは19％に過ぎず、28％が食品工業へ、19％が外食産業へ、34％が食品流通業に吸い込まれている。食生活の68％を加工食品と外食に頼るようになったために、支払われた食料費のうち農家の取り分はかつての35％から19％にまで縮小したのである。生鮮食料品に支出したお金であれば58％が農家に渡るが、加工食品や外食に払われれば10％が原料費として農家の手に渡るだけである。このことも国内農業を衰退させる要因の一つになった。

4．食料品の流通、購買革命

　1995年における食料の最終消費額、80兆円の内で、27兆円（34％）が関連する流通業に帰属するようになった。食生活の規模が大きくなり、しかもそれが自給自足で営まれるのではなく、外部に食料の生産、加工、そして調理サービスまでもを依存しているのであるから、食料の生産から消費までの長いルートに、多くの産業が介在する巨大なフードシステムが構成された。その規模は輸入食料まで含めれば今や100兆円の規模にもなろうとしている。

　青果物、水産物、食肉など生鮮食料品の流通は全国各地にある卸売市場を中心として行われてきた。農業や漁業で収穫、漁獲された食料は全国各地にある卸売市場に集められて、値がつけられ、仲卸業者、小売業者を通じて消費者に渡る。卸売市場は各地で分散して生産される生鮮食料の集荷場所であり、セリ、入札で需要、供給に見合った価格を形成し、小売業者、飲食業者に仕入れ商品として提供する場所である。この流通経路を経る過程で、生産物の選別、荷造り、運送など集出荷にかかる経費、卸売り手数料、仲卸経費、小売経費が流通経費として上積みされるから、青果物の例では小売価格は生産者価格の2～3倍になるのが普通である。そのためもあって、青果物の東京での小売価格は海外主要都市の数倍になっているものが多い。

　流通経費が大きい要因としては流通の多段階性が挙げられている。青果物であれば、出荷団体［農協］、卸売業者、仲卸業者、小売業者を経由するが、加工食品の場合はメーカー、問屋、小売店で済む。だから、近年、スーパーなど大型小売業者が卸売市場を経由しないで、生産者、生産者団体あるいは輸入業者と直接取引する「市場外流通」が増えて、市場経由率は年々低下して青果物では70％、水産物では60％程度になっている。大きな需要をもつ大手スー

4. 食料品の流通、購買革命　　（9）

パー、加工業者、外食産業は生産者に対して直接に「一定品質で、安価な価格で、大量の商品を、一定時間に」納入するように要求することになるので、小量の青果物や魚を扱う地方の生産地や市場はメジャーな流通から締め出され、大量の一括注文に応じられる安価な輸入青果物や輸入魚が増えることになる。

食品の小売業界にも大きな変化が起きている。小売業は複数の卸売業者、問屋から幅広く商品を仕入れ、消費者の需要に合った品揃え、加工、小分けをし

表1.4　食料品小売業の業態別、店舗数と販売量

	商店数（千店）				年間販売額（10億円）			
	1982年	1991年	1999年	1991〜1999年増減率(%)	1982年	1991年	1999年	1991〜1999年増減率(%)
百貨店	0.5 (0.1%)	0.5 (0.1%)	0.4 (0.1%)	▲20	7,314 (20.4%)	11,350 (20.6%)	9,705 (16.9%)	▲14
総合スーパー	1.3 (0.2%)	1.7 (0.3%)	1.7 (0.4%)	0	5,176 (14.4%)	8,496 (15.4%)	8,850 (15.4%)	4
食料品スーパー	4.4 (0.7%)	15 (2.7%)	19 (4.3%)	27	4,120 (11.5%)	11,297 (20.5%)	16,748 (29.2%)	48
コンビニエンスストア	23 (3.6%)	24 (4.4%)	40 (9.1%)	67	2,178 (6.1%)	3,126 (5.7%)	6,135 (10.7%)	96
食料品専門店	336 (51.9%)	297 (54.0%)	249 (56.4%)	▲16	8,980 (25.0%)	11,292 (20.5%)	9,207 (16.1%)	▲18
うち野菜・果実小売業	32 (4.9%)	24 (4.4%)	19 (4.3%)	▲21	899 (2.5%)	930 (1.7%)	657 (1.1%)	▲29
うち鮮魚小売業	36 (5.6%)	28 (5.1%)	21 (4.8%)	▲25	967 (2.7%)	930 (1.7%)	734 (1.3%)	▲21
うち食肉小売業	32 (4.9%)	21 (3.8%)	15 (3.4%)	▲29	1,027 (2.9%)	—	592 (1.0%)	
食料品中心店	282 (43.6%)	212 (38.5%)	131 (29.7%)	▲38	8,107 (22.6%)	9,591 (17.4%)	6,680 (11.7%)	▲30
計	647 (100.0%)	550 (100.0%)	441 (100.0%)	▲20	35,875 (100.0%)	55,152 (100.0%)	57,325 (100.0%)	0

資料：経済産業省「商業統計調査」
1) 業態の分類は、以下のとおりである。
　　総合スーパー：衣・食・住にわたる商品を小売りし、それぞれの取扱いが10%以上、70%未満
　　食料品スーパー：食料品の取扱いが70%以上、売場面積250m^{2}以上
　　コンビニエンスストア：飲食料品を取扱い、営業時間が14時間以上、売場面積30〜250m^2
　　食料品専門店：特定商品（例：食肉、鮮魚）の取扱いが90%以上
　　食料品中心店：食料品の取扱いが50%以上
2) 年間販売額は、食料品のみの販売額ではない。

て、われわれの食生活を支えている。食料小売業の商店数は現在44万店を数え、販売額は57兆円に達しているから小売業としては最大規模の業種である。ところがその構成を見てみると、最近の20年で食料品スーパー、コンビニなどが販売額を伸ばし、一方で、食肉屋、鮮魚屋、八百屋、パン屋などと呼ばれてきた町の小売業、それも零細店が減少している。

　わが国初のスーパーマーケット、紀ノ国屋が東京青山に1号店を開店したのは1953年であり、4年後の1957年にはダイエーが、1958年にはイトーヨーカ堂が誕生した。スーパーマーケットには低価格、セルフサービス、品揃えが豊富で欲しいものが一度に揃うワンストップショッピング、駐車場があるので車でまとめ買いができる、365日営業など、それまでになかった利便性があった。出店は急ピッチで進み、零細、複雑な流通経路を排した低価格を売り物にして流通革命を起こした。1999年現在、食料品スーパー店数は1.9万店、その販売高は16兆円とみられる。

　若者の食生活にに大きな影響を及ぼすことになったコンビニエンスストアは少し遅れて1970年代中頃に誕生した。セブンイレブンの1号店が東京都江東区に開業したのは1974年であり、翌年にはダイエーローソンがオープンした。徒歩で気軽に立ち寄れる立地で、365日、24時間営業しているコンビニは深夜まで不規則な生活をする学生、若者の食生活行動によくマッチした。そこで販売されるおにぎり、調理パン、惣菜、インスタント味噌汁、カップラーメン、飲料などは持ち帰り弁当と共に中食ブームの始まりであった。現在では独身者が利用するだけでなく、既婚者、高齢者もよく利用するようになっている。1984年には店舗数、2.5万店、年間販売高、2.6兆円であったが、1999年には4万店、6兆円になっている。コンビニの販売額の60％は飲食品であるとみてよいから、食品販売額は4兆円と推定してよい。食品スーパーでの販売額16兆円と合わせると、食料品小売総額推定値、48兆円の実に42％を占めることになろう。

5．豊かになり、便利になった食生活の蔭で

　豊かになり、便利になった食生活は行過ぎた大量消費をもたらし、多量の食べ残し、廃棄、生ゴミ、食品容器や包装材の再資源化などが環境問題となった。
　国民1人当たりの供給食料エネルギーと摂取エネルギーの差が1日、680キ

ロカロリーにまで拡大していて、供給食料エネルギーの実に26％にも相当する。この数字の出所である食料需給表と国民栄養調査は集計方法が同じでないので、単純に引き算して26％の食料ロスがあるというのには無理があり、実態より大きすぎると考えられる。しかし、この差は1965年には11％であったのであるから多くの食料が無駄にされるようになったことは否定できない。農林水産省の吉田泰治調整官は食料需給表が原料農畜水産物表示、国民栄養調査が最終食料品表示で集計されていることに注目して、国民栄養調査で集計された食料品を原料に分けて食料需給表の品目とできるだけ対応させてみた。その結果、供給—摂取のエネルギー差が1994年度では合計616キロカロリーある内で、でんぷん、砂糖、油脂の3品目による差が548キロカロリー、89％を占めていた。でんぷんを加工した異性化糖、砂糖、油脂は食品加工や外食業での業務用に多く消費されていることを考えると、家庭で摂取した加工食品や外食に使用されていたこれら原料がかなり把握もれになっているのではないかと推定できる。仮に1999年度の国民栄養調査による国民1人1日の摂取食料1400グラム、エネルギー1967キロカロリーに10％の把握もれがあるとするなら、われわれは1日、平均200キロカロリーのエネルギー過剰摂取、食べすぎになっているのである。

　食品工場での加工ロス、外食業での調理ロスと食べ残し、流通段階での返品、賞味期限切れによる廃棄ロスなど、それと家庭内の食べ残し、廃棄は広範囲に

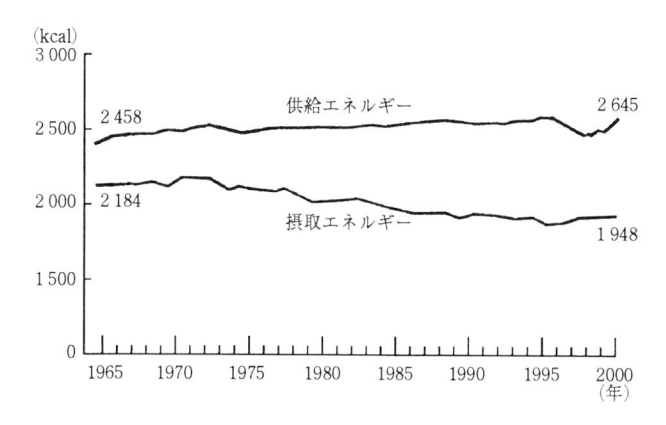

図1.4　1人1日当たりの供給エネルギーと摂取エネルギー
（農林水産省：食料需給表、厚生労働省：国民栄養の現状による）

継続調査することが難しい。弁当、惣菜など製造された日に配送、消費される食品の売れ残り廃棄率はコンビニで11％、スーパーで8％、メーカーで5％、平均して7％になるという調査例がある。2001年に行われた農林水産省の調査では、家庭での食品ロスの6割が廃棄、3割が食べ残しであった。家庭を対象に1週間調査した別の報告によると、食べずに捨てた食料は台所ごみの30％を占め、1人当たり1日57グラムもあり、1日の食料1400グラムの4％に相当した。廃棄の理由は、古くなって食べたくない（38％）、製造年月日が古い（10％）、もともと使わない、少し余った（16％）であり、腐ったからというのは（11％）に過ぎない。消費者の無計画な、ずぼら買いが見てとれる。

2000年に農林水産省が実施した食品ロス統計調査では、家庭における廃棄、食べ残しは合わせて7.7％、外食産業では5.1％となっている。食品工場で生じている加工ロスと、流通、消費段階での廃棄ロスなどを合わせた食料のロスは、魚の頭や果物の皮など不可食部を含めてではあるが15％ぐらいになるのではなかろうか。国内で消費されている食料は約1億2000万トンであるから、15％のロスがあるとすると、1800万トンになる。この数値は食品産業と家庭より排出される食品廃棄物1940万トンに近い。この1800万トンに前出の10％の食べ過ぎによる1200万トンを合わせて、年間3000万トンもの食料

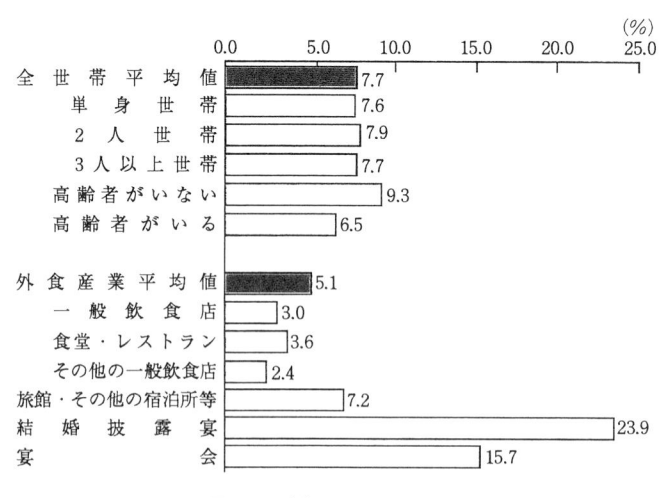

```
                              (%)
              0.0   5.0   10.0   15.0   20.0   25.0
全 世 帯 平 均 値  ■■■■■ 7.7
単  身  世  帯       7.6
2  人  世  帯        7.9
3 人 以 上 世 帯      7.7
高齢者がいない        9.3
高齢者がいる         6.5

外 食 産 業 平 均 値  ■■■ 5.1
一 般 飲 食 店       3.0
食堂・レストラン      3.6
その他の一般飲食店     2.4
旅館・その他の宿泊所等  7.2
結 婚 披 露 宴        23.9
宴           会      15.7
```

図1.5　消費段階での食品ロス率
（農林水産省：2000年度　食品ロス調査による）

が無駄になっていると考えてもよい。これは1人1日1800キロカロリーで生活している途上国なら、4600万人の年間食料に相当する。アフリカには飢えている人が8億人もいるのに、日本は年間6000万トンもの食料を買い集めて輸入し、しかも、その半分を無駄にしていることになる。

　豊かさに慣れ、過剰な利便性を追い求める現代の食生活は多くのエネルギーの無駄も生じている。一つの例を挙げてみよう。かつては食べ物を介して季節やその土地の特色が感じられたものであるが、今ではそのようなことは少なくなり、季節や地域に関係なく年中いつでも、どこからでも好きな食材を入手できる。特に野菜類はエネルギーコストの高い施設栽培や長距離輸送や輸入によって年間を通じて供給されるようになった。東京都中央卸売市場の季節別取扱量を見てみると、かつてはどの野菜でも旬の季節の入荷が多かったのに、今では年中平均して入荷するようになった。それも、北海道や九州、四国など遠隔地から出荷されてきたものが過半を占めている。それに、消費者の食料品購入が多様化、小口化し、しかも、限りなく新鮮なものを求めるようになっているため、スーパーやコンビニへの食品配送が小口化、高頻度化して、自動車輸送に伴うエネルギー需要と環境負荷を増大させている。食料の半分は外国から多くの化石燃料を使って運んでいる。そのため、個々の食料の重量にその輸送距離を掛け合わせて集計した「フードマイレージ」は5000億トン・キロメートルになり、アメリカの1350億トン・キロメートルの3.7倍である。世界一多くの輸送エネルギーが費やされた食料になっているのである。

　我が国の農業生産に使用されるエネルギーは、1960年ごろに比べると3倍ぐらいに増えて68兆キロカロリーにもなっている。特に、野菜栽培にはハウス栽培が増えたためその31％ものエネルギーが使用されていて、キログラム当たり1600キロカロリーになる。このような農業では生産される農産物の熱量よりも生産に使用する化石エネルギーの方が多くなるのである。なかでも、ハウス栽培は露地栽培に比べて約6倍以上のエネルギーを必要とするので、真冬に温室トマト、中1個200グラムを食べるのは、石油240グラム、2400キロカロリーを消費するのと同じである。消費者が周年供給を求めるため、露地栽培の数倍のエネルギーを投入して施設栽培されたトマト、キュウリ、ピーマンが全生産量の60％を、イチゴでは90％を占めるようになっている。イチゴの消費ピークは5月であったのに、それが3月、4月に早まり、真冬の12月、

1月でも出回っている。真冬にイチゴやキュウリを求めたりせず、地場で採れた季節のものを食べるように努めることが、エネルギーの無駄使いを減らし、環境への負荷を減らすことになるのである。

第2章 食の安全性は確保できているか

1. 最近気になる食の安全性

　加工食品や調理済み食品を利用することが多くなり、外食を楽しむことも多くなった。海外からの食料輸入も増加している。われわれは日常食べている食料が何処でどのようにして生産され、加工され、どのような経路を経て届けられているのかを知らない、いわば、生産者の顔が見えない状態になっている。だから、農薬が残留していないか、使用された食品添加物が健康に悪影響を及ぼさないかと余計に心配するのである。

　近年、食べ物の安全性について気になる事件が相次いで起きている。1996年に多発した病原性大腸菌O157菌による食中毒を始めとして遺伝子組換え農産物の輸入許可、1997年には環境ホルモン、ダイオキシンによる食品汚染の不安が高まり、2001年には狂牛病の国内発生が起きた。2002年には食品の安全性を確保するために食品衛生法、日本農林規格法などが定めている認可登録制度や表示規則の違反、偽装事件が相次いで起こり、消費者の不信感がこれまでになく高まった。主な事件だけを挙げてみても、残留基準値を上回る農薬が検出された中国産野菜、くん蒸殺虫剤が検出された中国産マツタケ、使用登録が取り消されている農薬が使用されていたリンゴ、認可されていない遺伝子組換え大豆を使用した豆腐や納豆、さらには、国産品と偽装表示された輸入牛肉や鶏肉、生産地を偽って表示した銘柄米などである。

2. 食品添加物を安全に使用するために

　加工食品や調理済み食品を利用することが多くなり、食費の51％はこのような食品の購入に支出されているのである。それに伴って、それら食品の製造に使用されている着色剤、調味剤、乳化剤、増粘剤、凝固剤、膨張剤など、腐

表 2.1 食品添加物の種類と用途

種類	用途	食品添加物例
① 製造、加工に必要なもの		
イーストフード	パンのイーストの発酵をよくする	リン酸三カルシウム、炭酸アンモニウム
豆腐用凝固剤	豆乳を固めて豆腐を作る	塩化マグネシウム、グルコノデルタラクトン
乳化剤	水と油を均一に混ぜ合わせる	グリセリン脂肪酸エステル、レシチン
pH調整剤	食品pHを調整する	DL-リンゴ酸、乳酸ナトリウム
かんすい	中華めんの食感、風味を出す	炭酸カリウム(無水)、ポリリン酸ナトリウム
膨張剤	ケーキなどをふっくらさせる ふくらし粉、ベーキングパウダーともいう	炭酸水素ナトリウム(重曹)、硫酸アルミニウムカリウム(ミョウバン)
② 保存性の向上と食中毒を予防するもの		
保存料	かびや細菌などの発育を抑制し、食品の保存性を高める	ソルビン酸、しらこ蛋白抽出物
酸化防止剤	油脂などの酸化を防ぎ保存性をよくする	エルソルビン酸ナトリウム、ビタミンE
防かび剤(防ばい剤)	輸入柑橘類などのかびの発生を防止する	オルトフェニルフェノール、チアベンダゾール
③ 品質を向上させるもの		
増粘剤 安定剤 ゲル化剤 糊料	食品に滑らかさや粘り気を与えたり、食品成分を均一に安定させる	ペクチン、グアーガム、カルボキシメチルセルロースナトリウム
ガムベース	チューインガムの基材に用いる	エステルガム、チクル
乳化剤	水と油を均一に混ぜ合わせる	グリセリン脂肪酸エステル、レシチン
④ 風味、外観をよくするもの		
甘味料	食品に甘みを与える	甘草抽出物、キシリトール、サッカリンナトリウム
着色料	食品に着色したり色調を調節する	クチナシ黄色素、食用黄色4号
発色剤	ハム、ソーセージの色調、風味を改善する	亜硝酸ナトリウム、硝酸カリウム
漂白剤	食品を漂白する	亜硫酸ナトリウム、次亜硫酸ナトリウム
ガムベース	チューインガムの基材に用いる	エステルガム、チクル
香料	食品に香りをつける	オレンジ香料、バニリン
酸味料	食品に酸味を与える	クエン酸、乳酸
調味料	食品にうまみなどを与える	L-グルタミン酸ナトリウム、イノシン酸ナトリウム
⑤ 栄養成分を補充、強化するもの		
栄養強化剤	栄養素を強化する	ビタミンA、乳酸カルシウム
その他の食品添加物	食品を製造するときに使用するもの	水酸化ナトリウム、活性炭、ヘキサン

敗、酸化を防ぐ殺菌剤、防かび剤、酸化防止剤などの「食品添加物」を知らず知らずの内に摂取することが多くなっている。食品衛生法によって使用を許可されている食品添加物は2002年現在で化学合成品が340品目(この内で天然には存在しないものが66品目)、天然品が1205品目(香料612品目を含む)も

表 2.2　食品添加物の安全性を確認するための主な試験

一般毒性試験	28日間反復投与毒性試験	実験動物に28日間繰り返し与えて生じる毒性を調べる
	90日間反復投与毒性試験	実験動物に90日間以上繰り返し与えて生じる毒性を調べる
	1年間反復投与毒性試験	実験動物に1年以上の長期間にわたって与えて生じる毒性を調べる
特殊毒性試験	繁殖試験	実験動物に二世代にわたって与え、生殖機能や新生児の生育におよぼす影響を調べる
	催奇形性試験	実験動物の妊娠中の母体に与え、胎児の発生、発育におよぼす影響を調べる
	発がん性試験	実験動物にほぼ一生涯にわたって与え、発がん性の有無を調べる
	抗原性試験	実験動物でアレルギーの有無を調べる
	変異原性試験 (発がん性試験の予備試験)	細胞の遺伝子や染色体への影響を調べる

ある。

　食品に含まれている食品添加物は少量ずつであっても毎日食べ続けるのであるから、その毒性、特に長期間摂取による毒性や発ガン性などをマウスなど実験動物を用いて検査することが義務づけられている。表2.2に示すように実験動物に一生涯食べさせても何ら影響がなかった1日最大投与量を無毒性量（mg/kg体重）として、その100分の1量をわれわれの1日摂取許容量（ADI、mg/kg体重）にしている。実験動物に較べて人に毒性が10倍以上強く現れる例はなく、また人の年齢や健康状態などの個人差によっても毒性が10倍以上異なることはないため、10倍×10倍＝100倍の安全率を見込んでいるのである。そして実際に使用する際には、個々の食品ごとに添加する添加物量が1日摂取許容量を越えないように、使用量、使用方法などを制限する「使用基準」を設け、使用したならば「何を使用した」と食品の包装に表示することになっている。

　例えば、食塩の摂取は高血圧を予防するために1日に10グラム以下にするように指導されているから、1日10グラムを最大無毒性量と考えてよいだろ

表 2.3-1　日本人、1人が1日に摂取している食品添加物　厚生省調査（1997-1999年）による

天然にも存在する食品添加物

食品添加物名	摂取量 （mg/day）	ADI （mg/kg 体重）	摂取量/ADI （%）
アジピン酸	3	5	1.2
亜硝酸	0.89	0.2	8.9
アスコルビン酸	78.3	特定しない	
アスパラギン酸	396.85		
アラニン	417.74		
亜硫酸	0.057	0.7	0.16
アルギニン	408.54		
アルミニウム	5.22		
安息香酸	1.605	5	0.64
イソロイシン	177.89		
5'-イノシン酸二ナトリウム	3.24	特定しない	
5'-ウリジル酸二ナトリウム	0.86		
オルトリン酸	675.9	Pとして70（MTDI）	7.6
カルシウム	689.6		
β-カロチン	2.376	5	0.95
D-キシリトール	115	特定しない	
5'-グアニル酸二ナトリウム	0.98	特定しない	
クエン酸	1685.91	制限しない	
グリシン	279.88	−	
グリセリン	1188.83	−	
グリチルリチン酸	2.907		
グルタミン酸	1197.23	特定しない	
コハク酸	100.48		
酢酸	431.33	制限しない	
5'-シチジル酸二ナトリウム	0.33		
酒石酸	65.06	30	43
硝酸	189.46	3.6	102
ステアリン酸モノグリセリド	100.23		
セリン	232.98		
D-ソルビトール	2348.56	特定しない	
チロシン	125.3		
鉄	13.16		
α-トコフェロール	6.8	2	6.8
β-トコフェロール	0.3759		
γ-トコフェロール	8.954		
δ-トコフェロール	3.4607		
トリプトファン	45.1		
トレオニン	159.85		
乳酸	1176.03	制限しない	
バリン	245.07		
パルミチン酸モノグリセリド	79.66		
ヒスチジン	344.98		
ビタミンB_1	0.8757		

2. 食品添加物を安全に使用するために　（19）

表 2.3-2　日本人、1人が1日に摂取している食品添加物　厚生省調査（1997-1999年）による

天然にも存在する食品添加物（続）			
食品添加物名	摂取量 (mg/day)	ADI (mg/kg 体重)	摂取量/ADI (%)
ビタミン B_2	1.0649	特定しない	
フェニルアラニン	233.32		
フマル酸	57.45		
プロピオン酸	4.3		
プロリン	303.7		
マグネシウム	333.1		
D-マンニトール	513.78		
メチオニン	100.2		
リシン	290.68		
リンゴ酸	906.27		
レチノール	0.11578		
ロイシン	333.44		
55品目合計	16,088		

う。この無毒性量の100分の1を1日摂取許容量（ADI）と定めるのであるから、もし食塩を保存料として使用する食品添加物であるとするならば1日に僅か100ミリグラムまでしか使えないということになる。それなら日本人が平均して摂取している1日に14グラムの食塩は、その140倍にも相当する有害なレベルということになる。現在使用されている食品添加物はこれほどに安全なレベルで使用するように決められている。

　1999年度に国立衛生試験所が調査した結果によると、われわれが1日に摂取している食品添加物は表2.3に示すように、91品目もあり、摂取量は合計すると約16グラムにもなる。しかし、その殆どは天然にも存在している食品成分であり、天然には存在しない化学合成化合物は90ミリグラムに過ぎない。摂取量が一番多かった添加物はソルビトール、ついでクエン酸、グルタミン酸、グリセリンであるが、これらは自然の食材にも含まれている成分なので、添加物として摂取したのはこの数分の1とみてよい。これら天然の食品成分には大抵は毒性がないのでADIが設定されていない。唯一、ADIを超えて摂取しているのは硝酸塩であるが、その大部分は自然の野菜、果物に含まれていたものである。

　化学合成でしか得られない食品添加物は36種類、90ミリグラムを摂取している。その中ではプロピレングリコールが最も多く、ついでソルビン酸が多

第2章　食の安全性は確保できているか

表 2.3-3　日本人、1人が1日に摂取している食品添加物　厚生省調査（1997–1999年）による

天然には存在しない食品添加物

食品添加物名	摂取量 (mg/day)	ADI (mg/kg 体重)	摂取量/ADI (％)
アスコルビン酸パルミテート	0	1.25*1	0
アルパルテーム	2.64	40	0.13
イマザリル	0	0	
EDTA	0	2.5	0
エリソルビン酸	0.56	特定しない	—
OPP	0	0.2	0
クエン酸イソプロピル	0	14	0
サッカリン	2.879	5*2	1.15
ジフェニル	0	0.05	0
BHT	0.013	0.3	0.09
食用赤色2号	0.002	0.5	0.01
食用赤色3号	0.01		
食用赤色40号	0.002	7	＞0.01
食用赤色102号	0.044	4	0.02
食用赤色104号	0.02		
食用赤色105号	0		
食用赤色106号	0.004		
食用黄色4号	0.549	7.5	0.15
食用黄色5号	0.05	2.5	0.04
食用青色1号	0.014	12.5	＞0.01
食用青色2号	0	5	0
ショ糖脂肪酸エステル	6.61	20	0.66
ソルビン酸	19.6	25	1.57
チアベンダゾール	0.000051	0.1	＞0.01
デヒドロ酢酸	0		0
ノルビキシン	0.144	0.065*3	4.43
パラオキシ安息香酸イソプロピル	0.037		
パラオキシ安息香酸イソブチル	0.026		
パラオキシ安息香酸エチル	0	10*2	0.05
パラオキシ安息香酸ブチル	0.186		
パラオキシ安息香酸プロピル	0		
BHA	0	0.5	0
プロピレングリコール	31.7	25	2.54
ピロリン酸	10.1		
ポリリン酸	3.1	70*4	0.72
メタリン酸	12.1		
36品目合計	90.39		

*1 アスコルビン酸ステアレートおよびアスコルビン酸パルミテートのグループ ADI
*2 グループ ADI
*3 ビキシンの ADI
*4 リン酸塩の MTDI
1日摂取量とその ADI との比較は体重 50 kg として表示

い。ソルビン酸はかまぼこ、ちくわ、ハム、ソーセージ、佃煮などの腐敗を防ぐ保存料として広く使用されているが、体重50キログラムとして計算した1日摂取許容量（ADI）は、$25 \times 50 = 1250$ミリグラムになる。現在の1日摂取量19ミリグラムは、それよりはるかに少ないから危険性はないと考えてよい。ソルビン酸は1969年には1日に450ミリグラムも摂取していたが、1982年には36ミリグラムに減少し、現在ではさらにその半分に減少している。食品業界がHACCP（危害分析重要管理点）制度などを導入して衛生管理を徹底し、無添加で済ませるようにしたからである。この程度ならばむしろ添加しておいた方が細菌による食中毒が起きる危険性を小さくする。これに対してピロリン酸の摂取量は図2.1に示すように1982年には2.7ミリグラムであったのに、1997年には10.1ミリグラムに増加している。ハム、ソーセージ、かまぼこなどに粘りを出す結着剤、味噌、醤油、コーラ飲料などの調味安定剤などとして添加されているリン酸塩が原因となってリンの過剰摂取になり、カルシウムとの摂取比率を乱し骨の脆弱化を招いているとの指摘がある。しかし、最近の国民栄養調査によれば、食事から摂取しているカルシウムは1日に575ミリグラム、リンは580ミリグラムであるからリンが過剰摂取になっているわけではない。食材から摂取している天然のリンに比べれば、添加物として摂取するリンは増加しているとはいえ、問題にするほどの量ではない。

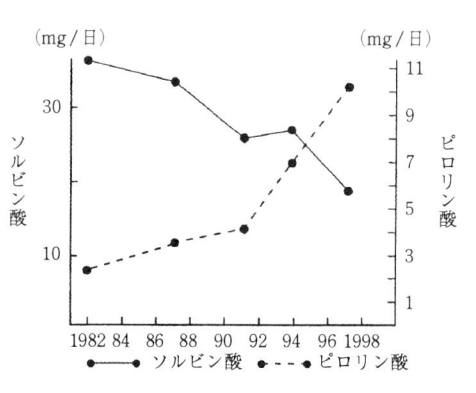

図2.1　ソルビン酸とピロリン酸の1日摂取量の経年変化（厚生労働省調査による）

　もちろん、安全性が確認されて食品添加物として使用することを許可されていても、その後の安全性再点検により発ガン性を疑われて許可を取り消された食品添加物には食用赤色タール色素、サイクラミン酸ナトリウム、AF2など約50品目がある。最近、食品添加物の「添加」が消費者に嫌われるので、いわゆる無添加食品が店頭に増えた。無添加と表示されていれば安心するかもしれないが、微生物の繁殖を抑える保存料や油の酸化を防ぐ酸化防止剤も使用して

いないのであるから古くなると食中毒を起こす危険性がある。また、化学合成した添加物を避けて天然添加物を使用することが多くなっている。しかし天然品であるといっても、食経験の短いものは必ずしも安全であるとは言えない。そのため、1995年から新規の天然化合物を食品添加物として登録、使用しようとするときは、化学合成品と同様に試験して安全性を確認してから認可を受けねばならないことになっている。

3．残留農薬に新しい心配が増えた

　戦後、急増した食料需要に応じるだけの農産物を増産するには化学肥料と共に農薬の使用が欠かせなかった。農薬とは農作物を病虫害、病害菌や雑草による被害から守る殺虫剤、殺菌剤、除草剤などである。戦後、広く使用されたDDT、BHC、水銀剤、パラチオンなどは残留性、人畜毒性、蓄積性が強く、農作物に多量に残留して健康障害をもたらすことも多く、大気、水、土壌を汚染し、昆虫、鳥、魚など野生の生態系に深刻なダメージを与えた。そのため、現在登録され、使用されている農薬、約350品目は毒性がずっと弱く、残留も少ないものに置き換えられている。よく使用されている農薬の毒性の強さを、実験動物に給餌するとその半数が死亡する半数致死量（LD_{50}）の大きさで比較してみると、例えば殺虫剤であるピレトリン、フェニトロチオン（スミチオン）、殺菌剤のイソプロチオラン、除草剤のアトラジンなどは体重50キログラムの人ならLD_{50}が50グラム以上であり、タバコやコーヒーの成分であるニコチン、カフェインなどに比べてはるかに毒性が弱いものである。

　農薬の安全性と使用方法は農薬取締法と食品衛生法により定められていて、食品添加物と同じ考え方で規制されている。まず実験動物による試験で無毒性量を求め、その100分の1をわれわれの1日摂取許容量（ADI）とする。この際、毒性は弱くても残留期間が長いものは認可されない。次にわれわれが1日に食べる農作物の量に応じて、例えばトマトなら半個であるから、その半個に残留する農薬の量がその農薬の1日摂取許容量を下回るようにトマトへの残留基準量を決める。次に残留量がこの残留基準以下になるように、トマトに対する使用の可否、散布回数、収穫前の散布禁止など安全に使用する基準が定められている。1998年、厚生省で国産、輸入農産物48万件を抜き取り検査したところ、何らかの農薬の残留が検出されたものは0.5％、残留量が基準を超えて

検出されたものは 0.03 % に過ぎなかった。しかも農作物や果実の表面に付着して残留している農薬は水洗い、皮むき、調理で 10 % から 100 % 近くまで除去できるのである。われわれが日常の食事を通じてこれら残留農薬をどのくらい摂取しているかを把握するために行われたマーケットバスケット調査によると、1 日の食事で人の体内に入る農薬の総量はせいぜい 0.1 ミリグラムの単位であり、どの農薬も摂取量は 1 日許容摂取量（ADI）に比べて 0.06〜4.3 % の範囲にあったから、食品安全性は一応確保されていると考えてもよい。

　ところが、2002 年、青森県のりんご農家が農薬散布の労を惜しんで、残留性の強い無登録農薬、ダイフォルタンを使用していることが発覚し、これを機会に全国調査したところ 37 都道府県、3000 軒の農家で無登録農薬を西洋ナシ、メロンなどにも使用していた。300 万農家の 0.1 % に過ぎないとはいうものの、農薬の安全性を確保するために永年努力してきた関係者の努力を踏みにじる行為である。また、最近輸入が急増している中国産ホウレンソウ、ネギ、枝豆などに基準を大きく越える殺虫剤が残留していることが多い。中国当局の最近の発表によると、中国の野菜卸市場で販売されている野菜の半数には残留基準を上回る殺虫剤が残留しているという。また、収穫した農作物を貯蔵、輸送する過程での殺虫や殺菌に使用されるポストハーベスト農薬は残留性が高いものを使用することが多い。アメリカなどからの輸入食品には残留基準が日本より緩やかなものがあるから注意しなければならない。現在、年間 3300 万トン、160 万件にも達する輸入食料は空港や港の検疫所で食料検査員により 5 % が抜き取り検査されている。2003 年度、2 万件を検査した結果によれば、残留基準を超えて農薬が残留している農産物が 80 数件（0.4 %）あり、廃棄あるいは積戻し処分されている。

　残留農薬にはこの他にも気になることが報告されている。いうまでもなく、人畜には殆ど無害であっても、そもそも作物の害虫や雑草を駆除するために開発された農薬のことであるから、自然の生態系に影響を及ぼすことは当然である。わが国の農薬使用量は 1980 年ごろの年間 70 万トンから減少しつづけて最近では 35 万トンぐらいになっているが、それでもヘクタール当たりの農薬の平均散布量は 12 キログラムになり、欧米に較べて数倍である。環境中に放出される農薬は、量こそ減少したけれども、依然として大気、土壌、地下水、河川を汚染し続けているのである。特にかつて使用されていた DDT や BHC な

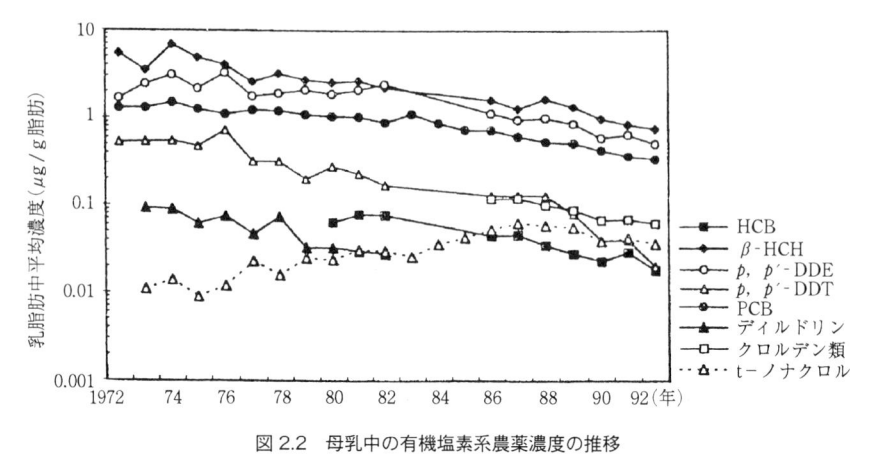

図2.2 母乳中の有機塩素系農薬濃度の推移
(岡本 拓、日本化学会編:内分泌撹乱物質研究の最前線、学会出版センター、2001年より)

ど有機塩素系農薬は残留期間が長いので、今でも食物連鎖によって魚介類や鳥類の体内に濃縮されていて、人体に摂取されると母乳の脂肪に蓄積するなど悪影響を及ぼす。

今ひとつ、注意しなければならないことはこれら有機塩素系農薬に内分泌撹乱作用があると疑われているものが多いことである。1997年、環境省が内分泌撹乱物質(環境ホルモン)であると指定した67化合物の3分の2は既に使用禁止になっているDDTやBHCなどの農薬であり、それらは未だに大気、河川、あるいは海底に残留していて、魚介類の体内にも検出されている。

4.環境ホルモンと食生活

人工樹脂の原料や界面活性剤、農薬、塗料などに使用される化学合成化合物のあるものが環境や生態系を汚染し、極めて微量であってもヒトや野生動物の内分泌物質、特に性ホルモンの分泌や作用を撹乱して、生殖、発生や免疫に影響を及ぼすことがある。生物の内分泌腺より分泌されるホルモン類は、目的の臓器に到達するとそこにある受容体に結合してDNAに働きかけ、機能タンパク質を合成させることにより生理効果を現す。ホルモンの種類ごとに結合する受容体が決まっているので、ホルモンと受容体の関係は「鍵と鍵穴」に例えられる。ところが、PCBやDDT、ノニルフェノールなどは女性ホルモン、エストロジェンの受容体に紛れ込んで結合し、エストロジェン類似のホルモン作用

4. 環境ホルモンと食生活　（25）

表 2.4　内分泌撹乱作用があると疑われている化学物質　環境省調査、1997年による

物質名	環境調査	用途	物質名	環境調査	用途
1 ダイオキシン類	●	（非意図的生成物）	34 トリフェニルスズ	●	船底塗料、漁網の防腐剤
2 ポリ塩化ビフェニル類（PCB）	●	熱媒体、ノンカーボン紙、電気製品	35 トリフルラリン	○	除草剤
3 ポリ臭化ビフェニル類（PBB）	○	難燃剤	アルキルフェノール（C5〜C9）		
4 ヘキサクロロベンゼン（HCB）	●	殺虫剤、有機合成原料	36 ノニルフェノール	●	界面活性剤の原料/分解生成物
			4-オクチルフェノール	●	界面活性剤の原料/分解生成物
5 ペンタクロロフェノール（PCP）	●	防腐剤、除草剤、殺菌剤	37 ビスフェノールA	●	樹脂の原料
			38 フタル酸ジ-n-エチルヘキシル	●	プラスチックの可塑剤
6 2,4,5-トリクロロフェノキシ酢酸	○	除草剤、枯葉剤	39 フタル酸ブチルベンジル	●	プラスチックの可塑剤
7 2,4-ジクロロフェノキシ酢酸	○	除草剤、枯葉剤	40 フタル酸ジ-n-ブチル	●	プラスチックの可塑剤
8 アミトロール	○	除草剤、分散染料、樹脂の硬化剤	41 フタル酸ジシクロヘキシル	●	プラスチックの可塑剤
9 アトラジン	○	除草剤	42 フタル酸ジエチル	○	プラスチックの可塑剤
10 アラクロール	○	除草剤	43 ベンゾ(a)ピレン	●	（非意図的生成物）
11 シマジン	○	除草剤	44 2,4-ジクロロフェノール		染料中間体
12 ヘキサクロロシクロヘキサン、エチルパラチオン	●	殺虫剤	45 アジピン酸ジ-2-エチルヘキシル		プラスチックの可塑剤
13 カルバリル	○	殺虫剤	46 ベンゾフェノン	○	医療品合成原料、保香剤等
14 クロルデン	●	殺虫剤	47 4-ニトロトルエン	●	2,4ジニトロトルエンなどの中間体
15 オキシクロルデン	●	クロルデンの代謝物			
16 trans-ノナクロル	●	殺虫剤	48 オクタクロロスチレン		（有機塩素系化合物の副生成物）
17 1,2-ジブロモ-3-クロロプロパン	○	殺虫剤	49 アルディカーブ		殺虫剤
			50 ベノミル		殺菌剤
			51 キーポン（クロルデコン）		殺虫剤
18 DDT	●	殺虫剤	52 マンゼブ（マンコゼブ）		殺菌剤
19 DDE, DDD	●	殺虫剤（DDTの代謝物）			
20 ケルセン	○	殺ダニ剤	53 マンネブ		殺菌剤
21 アルドリン	○	殺虫剤	54 メチラム		殺菌剤
22 エンドリン	○	殺虫剤	55 メトリブジン		除草剤
23 ディルドリン	○	殺虫剤	56 ジベルメトリン		殺虫剤
24 エンドスルファン（ベンゾエピン）	○	殺虫剤	57 エスフェンバレレート		殺虫剤
			58 フェンバレレート		殺虫剤
25 ヘプタクロル	●	殺虫剤	59 ペルメトリン		殺虫剤
26 ヘプタクロルエポキサイド	●	ヘプタクロルの代謝物	60 ビンクロゾリン		殺菌剤
			61 ジネブ		殺菌剤
27 マラチオン	○	殺虫剤	62 ジラム		殺菌剤
28 メソミル	○	殺虫剤	63 フタル酸ジベンチル		
29 メトキシクロル	○	殺虫剤	64 フタル酸ジヘキシル		
30 マイレックス	○	殺虫剤	65 フタル酸ジプロピル		
31 ニトロフェン	●	除草剤	66 スチレンの2及び3量体		スチレン樹脂の未反応物
32 トキサフェン	○	殺虫剤	67 n-ブチルベンゼン		合成中間体、液晶製造用
33 トリブチルスズ	●	船底塗料、漁網の防腐剤			

備考　(1) 上記中の化学物質のほか、カドミウム、鉛、水銀も内分泌撹乱作用が疑われている。
　　　(2) 環境調査では、●は検出例のあるもの、○は未検出、印のないものは環境調査未実施。
　　　(3) 2000年、66、67をリストより削除

を現すから、このような外来化学化合物を内分泌撹乱物質あるいは環境ホルモンと呼んでいる。環境ホルモンによってヒトに生じる健康障害には生殖機能低下、生殖器発育不全、先天奇形、精巣ガン、子宮ガン、アレルギーや自己免疫疾患、精神障害などがある。

1997年、環境省は67種類（後に65物質に変更）の化学合成化合物が環境ホルモンに該当すると判定しているが、その大部分は現在では使用禁止になっている農薬である。67種類の化合物の中で、食品の安全性に係わる可能性があるのは、現在、使用禁止になってはいるが魚介類などに濃縮されて残留しているDDT、BHCなどの有機塩素系農薬、魚介類などに蓄積するダイオキシン類とトリブチルスズ、加工食品用の缶、プラスチック容器、発泡スチロール容器より溶出するビスフェノールA、フタル酸エステル、スチレンダイマーやトリ

〈ダイオキシン類〉

● ポリ塩化ジベンゾ-p-ダイオキシン（PCDD）
（1～9の位置に塩素［Cl］が合計1～8個つく）

● ポリ塩化ジベンゾフラン（PCDF）
（1～9の位置に塩素［Cl］が合計1～8個つく）

● ポリ塩化ビフェニル（PCB）
（2～6, 2′～6′の位置に塩素［Cl］が合計1～10個つく
コプラナーPCB：PCBに微量含まれている）

● フタル酸エステル類
（フタル酸ジブチル）

● ビスフェノールA

● スチレンダイマー

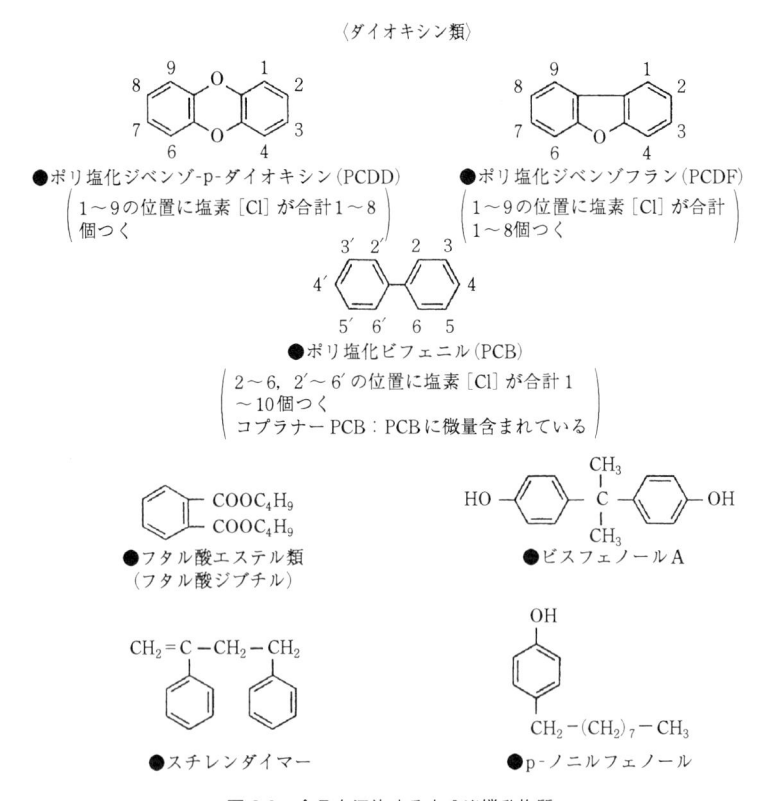

● p-ノニルフェノール

図2.3 食品を汚染する内分泌撹乱物質

マーである。

　ダイオキシン類は都市ごみや廃棄物を焼却するときに塩化ビニールなど有機塩素化合物から生成し、排煙とともに放出されて大気、土壌、河川などを汚染し、次いで魚介類、畜産物、農作物に蓄積してわれわれが食事を通じて摂取することになる。強力な発ガン性、催奇形性と共に抗エストロジェン作用があり、問題になっている。ダイオキシン類とは図2.3に示すように、ポリ塩化ジベンゾパラジオキシン（PCDD）、ポリ塩化ジベンゾフラン（PCDF）およびコプラナーポリ塩化ビフェニル（Co-PCB）という3種類の化合物の総称であり、その毒性は最も毒性の強い2、3、7、8-TCDDに換算した毒性等量（TEQ）で示される。ポリ塩化ビフェニル（PCB）はトランスやコンデンサーの絶縁油、熱媒体、塗料やノンカーボン紙の溶剤などに使われていた有機塩素化合物である。Co-PCBが混入しているので1972年以降は製造と使用が禁止になり、製品は回収中である。環境中に拡散したものは魚介類の体内に生物濃縮されている。

　2000年に実施された厚生省の実態調査によると日本人が1日に摂取しているダイオキシン類の98％は食事経由であり、平均1.5 pg TEQ/kg体重（体重50キログラムとすれば75 pg TEQ）であった。ダイオキシン排出抑制の効果があって30年前に比べれば6分の1、数年前の半分に減少しているので、1日許容摂取量の4 pg TEQ/kg体重（体重50キログラムなら200 pg）を下回って

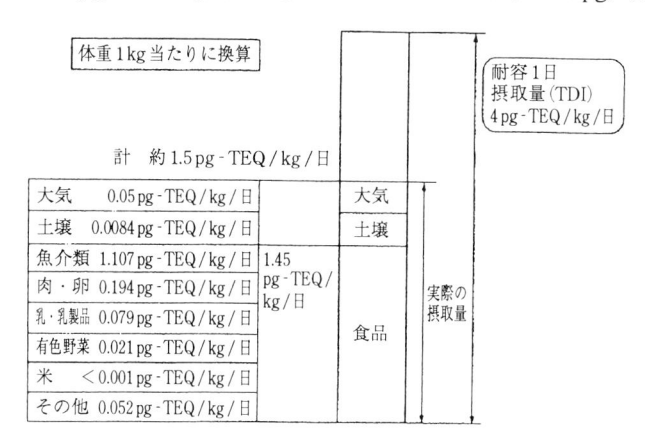

体重1kg当たりに換算		
計　約1.5 pg-TEQ/kg/日		耐容1日摂取量（TDI）4 pg-TEQ/kg/日
大気　0.05 pg-TEQ/kg/日		大気
土壌　0.0084 pg-TEQ/kg/日		土壌
魚介類　1.107 pg-TEQ/kg/日	1.45 pg-TEQ/kg/日	食品（実際の摂取量）
肉・卵　0.194 pg-TEQ/kg/日		
乳・乳製品　0.079 pg-TEQ/kg/日		
有色野菜　0.021 pg-TEQ/kg/日		
米　＜0.001 pg-TEQ/kg/日		
その他　0.052 pg-TEQ/kg/日		

図2.4　わが国におけるダイオキシン類の1人1日摂取量
（平成14年版環境白書より）

いる。ここで1 pgとは1兆分の1グラムのことである。魚介類は海洋や河川での生物濃縮があるために汚染がひどく、われわれが食事経由で摂取することになるダイオキシン類の8割は魚介類からのものである。

　1999年2月、産業廃棄物の焼却施設が密集している埼玉県所沢市周辺で採れた野菜のダイオキシン汚染が報道されるや、ダイオキシンによる食品汚染への不安が一気に顕在化した。これが契機となりダイオキシン類対策特別措置法が施行され、大気、水質、土壌などの環境汚染基準が設定されてごみ焼却に伴うダイオキシン排出の防止対策が進むことになった。わが国のダイオキシン年間排出量は1997年には7500グラムであったが、2001年度には約1700グラムとなり、3年間で約80％の削減がなされた。食品から摂取したダイオキシンは体内脂肪組織に蓄積されるから、母親の場合は母乳の脂肪を介して乳児に移行する。1998年に厚生省が調査したところ、母乳100グラム当たり平均88.8pgのダイオキシン類が含まれていた。体重4キログラムの乳児が母乳を1日に500ミリリットル飲むとすると1日に体重1キログラム当たり111 pgのダイオキシン類を摂ることになり、1日許容摂取量、4 pg/kg体重をはるかに超える。1日摂取許容量は1生涯、毎日摂取するとしても安全な量であり、乳児が母乳を飲む期間は2～3年に過ぎないとしても、乳児の健康に影響がないのかどうか調査が行われている。

　ダイオキシンと同じように魚介類中に濃縮されやすいものに有機スズ化合物がある。トリブチルスズのような有機スズ化合物は水生生物に対する毒性が強く、例えば海水中1 ng/l前後あっても巻貝にインポセックスを生じる。トリブチルスズやトリフェニルスズは微生物、藻類、貝類の増殖を強く抑制するので、漁網の防汚剤や船底防汚塗料に使用されていた。それが溶け出して海洋を汚染し、沿岸域では3～51 ng/lにもなっていたことがあり、水生生物の体内では数万倍にも濃縮、蓄積されるので、漁網や船底塗料への使用は1991年に禁止された。高等生物への生物濃縮はそれ程強くないとみられているが、1994年に北海道内で市販されていたホッケ、カレイ、イワシなど31検体を調査したところ、100グラム当たりトリブチルスズが10マイクログラム含まれていた。厚生省はトリブチルスズの1日許容摂取量を1.5マイクログラム/kg体重としている。

　ビスフェノールAはポリカーボネートとエポキシ樹脂の合成原料である。

重合に取り残されたごく少量のビスフェノールAが極微量溶け出すことがあるので、食品衛生法ではプラスチック容器、1キログラムからのビスフェノールAの溶出限度を2.5ミリグラム以下と決めて、1日摂取許容量0.05 mg/kg体重を越して摂取することがないようにしている。ビスフェノールAは動物実験で天然の女性ホルモンに較べて5万分の1程度の極く弱い女性ホルモン活性を示す。1日の摂取量は0.01ミリグラム以下であろうと推定されていて、摂取許容量の100分の1に満たない。大阪市立環境科学研究所における最近の分析によればクッキングペーパー、ティーバッグ、紙コップ、ティッシュペーパーなどパルプ製品にも1キログラム当たり64〜360ミリグラムのビスフェノールAが含まれていたと報告されている。

おしゃぶり玩具、水道のホース、輸血用血液バッグなどに利用される柔らかいポリ塩化ビニールには可塑剤としてフタル酸ジエチルヘキシル（DEHP）が使用されている。そのフタル酸エステルがポリマー樹脂1キログラムから数十マイクログラムほど溶出して環境を汚染し、エストロジェン様活性を示すと疑われている。弁当箱詰め作業に使用するポリ塩化ビニール製の手袋からDEHPが溶出して弁当1食から平均1.8ミリグラムのDEHPが検出された報告があるので、厚生省は手袋使用を自粛するよう通達した。1日許容摂取量は37マイクログラム/kg体重とされているが、ごく最近の調査ではフタル酸エステルの女性ホルモン作用は否定されている。

発泡スチロールのカップなどに湯を注ぐと、樹脂の反応中間物であるスチレンのダイマー、トリマーが1リットルに23マイクログラムほど溶出してくるので問題視されたことがある。しかし、最近の動物実験によればスチレンダイマー、トリマーにはエストロジェン作用はないと報告され、内分泌撹乱物質リストより削除された。

これらの化合物を含めて、内分泌撹乱物質として疑われている化合物が食品を極微量で汚染する場合に人体にどのような影響があるのかは実際のところまだ明確でない。環境省では内分泌撹乱物質であると疑われる65化合物のうち、トリブチルスズ、オクチルフェノール、ノニルフェノール、フタル酸ジブチルなど20物質を選んで、動物実験でその環境リスクを調査するプロジェクト（SPEED 98）を1998年から発足させている。2003年の中間報告によればメダカに女性ホルモン作用を示したのはオクチルフェノールとノニルフェノールで

あったが、ラットには明確に作用しなかった。しかし、内分泌撹乱物質には無毒性量の2.5万分の1という常識はずれの低濃度で生殖毒性が現れる「低用量効果」があるという報告もあり、まだ結論が出ていない。

5．遺伝子組換え農産物は誤解されている

1996年遺伝子組換え農産物の輸入が初めて許可された。遺伝子組換え操作により育種された害虫食害に強いトウモロコシや馬鈴薯、除草剤に強いトウモロコシ、大豆、ナタネなど7作物、29品種の輸入が許可されたのである。これら遺伝子組換え作物の作付けは2001年には20カ国、5260万ヘクタールに広がっている。その70％はアメリカであり、除草剤耐性大豆、虫害耐性トウモロコシを中心に、全作付面積の50％を超えるようになっている。大豆やトウモロコシの75～87％をアメリカからの輸入に頼っているわが国では知らず知

文部科学省「組換えDNA実験指針」（組換えを扱う際の実験条件を規定）	農林水産省「農林水産分野等における組換え体の利用のための指針」、「組換え体利用飼料の安全性評価指針」など	厚生労働省「食品衛生法」に基づく「食品、添加物等の規格基準」など

組換え農作物の開発／安全性の確認

実験室閉鎖系温室	非閉鎖系温室	環境安全性の評価 隔離圃場	飼料の安全性評価	食品の安全性評価
組換え植物の作出、特性等のチェック	従来の植物との成分・性質の比較	他の生物への影響、雑草性、近縁種との交雑性等のチェック	飼料として、栄養成分の比較、導入タンパク質の安全性の評価等	食品として、栄養成分の比較、導入タンパク質の安全性の評価等

一般圃場での商業栽培または輸入

商品化

遺伝子組換え食品の表示内容

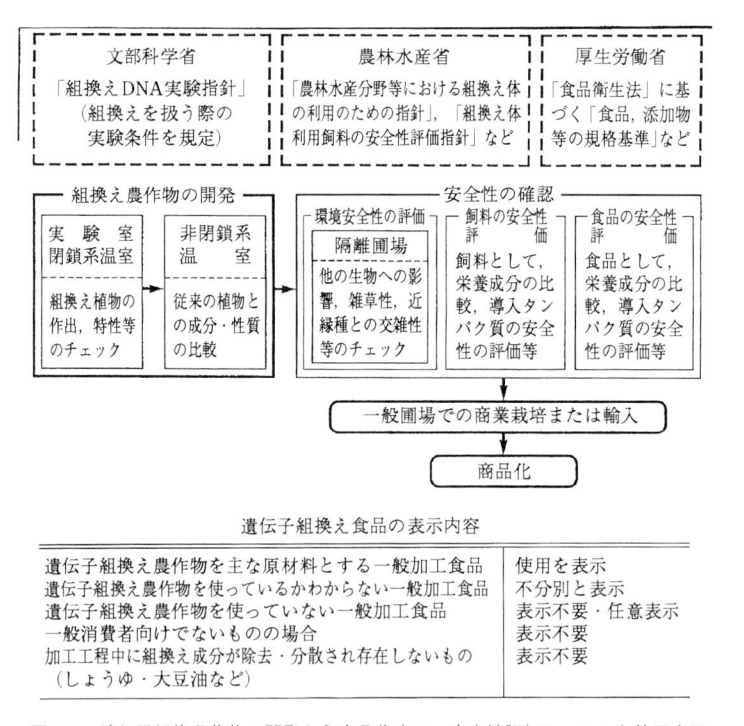

遺伝子組換え農作物を主な原材料とする一般加工食品	使用を表示
遺伝子組換え農作物を使っているかわからない一般加工食品	不分別と表示
遺伝子組換え農作物を使っていない一般加工食品	表示不要・任意表示
一般消費者向けでないものの場合	表示不要
加工工程中に組換え成分が除去・分散され存在しないもの（しょうゆ・大豆油など）	表示不要

図2.5 遺伝子組換え作物の開発から商品化まで―安全性評価システムと使用表示

5. 遺伝子組換え農産物は誤解されている

らずの内にこれら作物とその加工品を摂取することになる。そこで農林水産省はこれら遺伝子組換え農産物を原料に使用した加工食品には、遺伝子組み換え農産物「使用」と表示することを義務づけることにしたが、それでも消費者には遺伝子組換え作物の安全性についての不安がなくならない。

わが国では遺伝子組換え作物を開発したときは、従来の作物と性質、成分が同じであるか、生態環境を撹乱しないかを検査した上で、食品として栄養成分が従来品種と同一であるか、遺伝子導入で発現させたタンパク質が食品として安全であるか、を確認することが義務づけられている。輸入を許可された品種はいずれもこの審査に合格して食品としての安全性を保証されているのであるが、それにもかかわらず消費者は遺伝子組換えというだけで漠然とした不安を持つのである。

例えば、昆虫による食害に強い遺伝子組換えトウモロコシにはバチルス・チューリンゲンシスという昆虫病原菌が生産するBt毒素タンパク質の遺伝子が導入されている。この毒素タンパク質を蝶や蛾の幼虫が食べると死ぬので、トウモロコシは畑で昆虫による食害を免れ収穫量が多くなる。しかしこの毒性タンパク質は可食部1グラムに4マイクログラムしか含まれていない上に、われわれ、哺乳動物が食べると消化管が酸性であるために分解され、万一分解し残

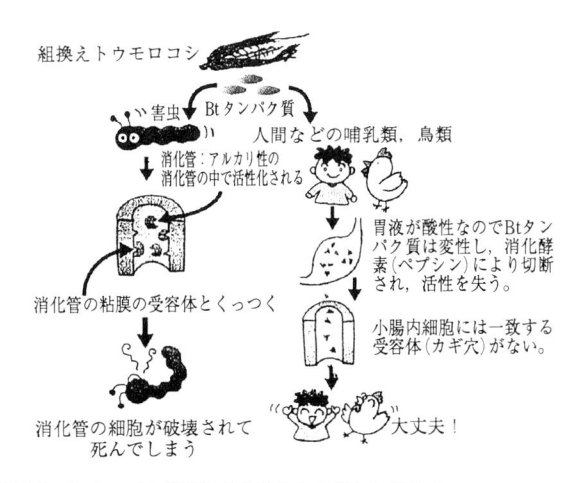

図2.6 Btタンパク質遺伝子を導入した遺伝子組換えトウモロコシの安全性

されても腸にこの毒素タンパク質が結合する受容体がないので全く安全である。除草剤耐性を付与した大豆というのは、例えば除草剤ラウンドアップに抵抗性のある土壌細菌の芳香族アミノ酸合成酵素、EPSP酵素の遺伝子を導入したものである。従来の大豆や雑草はEPSP酵素がラウンドアップにより失活するので、芳香族アミノ酸が合成できなくなり栄養障害を生じて枯死する。遺伝子組換え大豆ではそのようなことがないので、除草剤を一度強く散布すれば雑草だけを効率よく除草することができる。ヒトや哺乳動物にはこの酵素によるアミノ酸合成経路がないので、遺伝子組換えで発現しているEPSP酵素タンパク質を食べても影響がない。

このように現在輸入を許可されている遺伝子組換え農産物に限っては、食べても何ら問題はないといってよい。将来、例えば米の栄養価を改善するため大豆タンパク質の遺伝子を導入して大量に発現させるなどした場合には、米の性質、成分が大幅に変わるのであるから現在の安全性評価では不十分になるかもしれない。そうなればより厳密な評価を実施すればよいのである。

病虫害、雑草害による作物の減収は大きいから、これら遺伝子組換え作物を利用することにより、大幅な収量増加と除草労働力の節減が実現する。なによりも農薬の使用量そのものを減らすことが可能となり環境への負担も減少する。耐虫害性を付与した綿の例では従来の5分の1の農薬で済ますことが出来るのである。今後、虫害抵抗性、除草剤抵抗性だけでなく、耐乾燥性、耐塩害性、窒素固定能などを付与した作物を育種できれば、農作物の収量を大幅に向上させ作付け可能耕地も広げられるから、21世紀に懸念されている地球規模での食料不足を解消することもできるのである。

6．狂牛病騒動はリスクマネジメントの不備から

2001年9月、千葉県で狂牛病の牛が発見され、牛肉が敬遠されるという大騒ぎが起こった。狂牛病は牛海綿状脳症（BSE）として知られている。脳の組織がスポンジ状になり空洞ができるため神経中枢が機能しなくなり、牛はよろけたり、転んだりして歩行困難になるのである。原因は脳神経細胞にあるプリオンタンパク質が異常プリオンに変質して、脳内に蓄積、凝集するためであり、そのため脳組織に空洞ができて神経細胞が次々と変性、壊死、脱落して障害を生じるとされている。異常プリオンが病原体になると考えられている病気に

は、羊のスクレイピー病、牛の脳海綿状症、ヒトの病気であるクロイツフェルト・ヤコブ病、ニューギニアの高地部族に見られたクールー病、がある。クロイツフェルト・ヤコブ病（CJD）は100万人に1人の割合で老人に孤発的に生じ、はじめは体の震え、精神障害、ついで、痴呆、無動、無言、となり、1～2年で衰弱、呼吸麻痺になり死亡する。ところが、1994年頃よりイギリスで20～30歳の若者に変異型CJDが発症するようになった。イギリスではハンバーガーに牛の脳組織を使うことが許容されていたので、BSE牛の脳神経組織を摂取することになったのが原因でなかろうかと推察されている。イギリスではBSE牛が18万頭も発生して、感染したと思われる変異型CJD患者は2003年までに延べ131人になった。

1960年頃からイギリスで肉骨粉（羊または牛の骨、内臓タンパク質などを乾燥粉末にしたもの）を畜産用牛の高栄養で安価な飼料とするようになった。1975年頃になって肉骨粉の熱処理が省略されたために羊の異常プリオンが混入、残留し、それまで牛には報告されたことがなかったプリオン病であるBSEが出現するようになったと疑われている。2001年、国連の食料農業機関（FAO）は1986年以降、イギリスとヨーロッパで生産され、輸出された肉骨粉により狂牛病は少なくても世界100カ国に広がっていると発表した。EUの科学運営委員会はBSE対策として、BSE発生国よりの牛や肉骨粉の輸入禁止、肉骨粉の使用禁止、飼料工場の汚染排除、BSE発生を見つけ出す全頭検査などを実施するよう提案していた。しかし、日本の監督官庁は、イギリス、EU諸国よりの生牛、牛肉、牛肉製品の輸入を禁止したのみで、肉骨粉の使用を全面禁止にせず、食肉処理牛の検査体制も整備していなかったなど、予防対策の遅れがあったのでBSE牛の国内発生を防げなかった。消費者の不安は必要以上に高まり、食肉の需要は一時は半減し、牛肉を原料にしたビーフエキス、ゼラチンを使用した加工食品に至るまで敬遠されて食品業界は大混乱した。

監督官庁はBSE発生の原因を飼料に配合されていた肉骨粉と推定して、その使用を全面禁止し、BSE汚染の検査の済んでない市場在庫牛肉を買い上げ、廃棄するとともに、食肉処理される牛の全頭検査を実施し、解体時に汚染リスクが高い脳、脊髄、眼球、回腸遠位部の除去を義務づけた。2001年10月に全頭検査が始り2003年10月までに244万頭を検査したが、BSE陽性と判定されたのは7頭である。さらに、農林水産省は食卓に上った牛肉が何処でどのよ

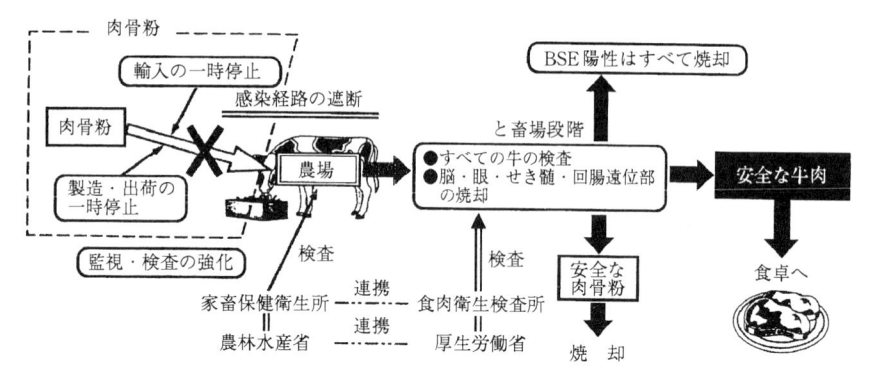

第2章　食の安全性は確保できているか

図2.7　狂牛病の疑いのない安全な畜産物の供給体制
（農林水産省：平成13年度、食料・農業・農村白書より）

うに飼育されていた牛から、どのような経路を経てきたのか、1頭ごとにバーコードをつけてその履歴をたどれるトレーサビリティー制度を2003年末から発足させた。

　1996年に多発した病原性大腸菌O157菌による食中毒を始めとして、1997年の環境ホルモンによる食品汚染不安、2001年の遺伝子組換え農産物の表示、BSEの国内発生と、いずれも監督官庁の安全性管理体制に消費者に対する配慮が十分に組み込まれていなかったために消費者に必要以上の不安を招いたのである。BSE騒動の教訓を生かして食品安全基本法が2003年に成立し、有識者で構成する食品安全委員会が消費者の健康を守る立場から科学的にリスク評価をして安全性を判断し、必要な対策を取るよう農林水産省や厚生労働省に勧告することになった。作り手や売り手の論理を優先してきた日本の食品安全行政にとって出直しの一歩といえる。

7．食生活の安全と安心

　われわれは農薬や食品添加物だけではなく、医薬、化粧品、洗剤、プラスチック製品など様々な化学物質を使っている。人工的に作り出されたこれらの化学物質は5万種類とも10万種類ともいわれるが、いずれも生物にとっては異物であるから、食事と共に体内に取り込んだり、あるいは環境に拡散したのを吸い込んだりすると何らかの影響を生じる危険性がある。しかし、化学物質による危険をゼロにするためには、化学物質を一切使わないようにしなければな

らず、現代社会ではとてもできないと思われる。

　しかし、毒性の強い化合物であっても、限度を超えて体内に取り込まなければ有害ではないのであるから、化学物質の危険性は化学物質の毒性の強さと、その化学物質を体内にどれだけの量で取り込むかで決まる。ここでいう危険性とはリスクのことであり、「ある危険なことが起こるであろう可能性」を意味する。食品の安全性とはその食品を極く普通に摂取したときに予測される危険性のことである。どのような食品であれ無条件に100％の安全性を保証されるものなどはないから、どのような条件でなら何％まで安全性が保証できるか、つまり、リスクの大きさを見積もる科学的作業、「リスクアセスメント」が必要になる。一つめは化学物質の毒性の強さを評価することであり、二つめはその毒性物質をどのくらい体内に取り込むと、どのような影響が出るかという暴露量を推定することであり、危険性はその両者を掛け合わせて評価する。毒性の強い化合物でも摂取量が少なければ安全であり、毒性の弱い化合物でも大量に摂取すれば危険であるということである。リスクが無視できないほど大きければその化学物質を使用禁止にすればよい。

　少々のリスクがあっても捨てがたい効果があるときはどうするのか。食品添加物や農薬の安全性を確保するときのように、最大無作用量を定め、それ以上は摂取しないように残留基準、使用基準などを設定するのである。そしてこれを越えて使用しないように厳しく指導する。この一連の「リスクマネジメント」によって、リスクを極力切り下げて「安全」を確保するのである。「安全」とはリスクが全く存在しないという意味ではない。アメリカの環境保護庁では100万分の1の可能性で生じるリスクならば防ぎようがないので無視して、安全であるとみなしている。BSE感染牛のリスクマネジメントの例で考えてみよう。国内で飼育している牛459万頭のうち、2004年3月現在までに10頭の感染牛が発見されている。感染牛が18万頭も発生したイギリスとは違って、異常プリオンの潜伏はそれ程ひどくないと考えられるので、運悪く感染牛肉を食べ、さらに運悪くクロイツフェルト・ヤコブ病を発症するリスクは25億〜2500億人に1人と推定されている。それなのに、農林水産省は予防対策の遅れから大騒動を引き起こしたことに懲りてと殺牛の全頭検査を緊急実施している。必要以上に厳しく過剰な予防措置であるといえる。アメリカでも感染牛が発生して牛肉の日本への輸入が禁止になった。アメリカでは年間3500万頭の

と殺牛のうち、感染が疑わしい牛、3万頭のみを検査していれば十分であり、全頭検査は科学的根拠が不十分で、費用も嵩むから必要でないとして、全頭検査を求める日本の要請に応じる気配はない。リスクの感じ方が違うのである。

　自動車を運転して事故を起こすリスクは決して小さくはないのに余り気にする人はない。しかし、食物中のごく微量の添加物、残留農薬などについては、健康には何ら支障がないと科学的に保証されていても、それは知らぬ内に入りこんできて自分では対処の仕様がないので、必要以上に不安に感じ許しがたいとするのである。行政や科学者が保証する安全と、一般の市民が感じる安心との間には大きなギャップがあり、リスクの感じ方が違うのである。

　リスクアセスメントを科学的に行ってリスクの大きさが見積もれたら、それに基づいてリスクをあるレベル以下に切り下げるリスクマネジメントと呼ばれる行政的行為が必要になる。それと同時に消費者のリスクパーセプション（リスクの感じ方）にも十分配慮しなければならない。リスクマネジメントとは、リスクをあるレベル以下にしようということでゼロにしようということではない。つまり消費者や利用者にあるレベルのリスクを押し付けることであるので、反発や不信が残らないように、言い換えれば科学的に設定された「安全」レベルと心理的な「安心」レベルとの距離を近づけるための、教育と啓蒙、広い意味でのリスクの情報公開などが必要である。科学といえども安全性に対する疑問を完全に説明できることは少ない。だから消費者運動には「疑わしいものは使用しない」とする考え方が根強くあるが、しかし使用しないことにより社会全体が蒙るコストが少なくないことが軽視されている。健康とか環境の問題になると、僅かなリスクを科学的根拠もなしに興味本位で煽り立てるマスコミの言動からは何事も生み出されない。

　それと共に、消費者も自分の食べるものと健康との関係を理解できるだけの科学的知識が必要になってくる。遺伝子組換え農作物についても、遺伝子組換え食品だけに遺伝子が入っている、細菌の遺伝子など食べたくない、遺伝子組換え作物は「種の壁」を超えて作り出されてたものだから危険だ、何千年も前から食べている食物でないから危険だなど、初歩的な科学知識の欠如からくる誤解が多い。昔から食べてきた食物なら安心とする人が多いが、発ガン性や慢性毒性がないかどうかなどは殆ど調べられていないのである。もともと、消費者は科学的に裏付けられた安全よりも安心イメージに左右されがちであるだけ

に、生産者と消費者の間できちんとした科学的情報のやり取りと共通理解、つまり、リスクコミュニケーションが必要になってくる。今後は消費者、生産者、販売者、行政を含めた関係者全体でのリスクマネジメントによって「食の安全」を確保する時代である。

第3章　日本では食料を自給できないのか

1．食料自給率が40％になった

　日本は世界で最大の食料輸入国である。年間、6000万トン近い食料、金額にして4兆円もを輸入している。世界人口の2％を占めるに過ぎないわが国が世界の輸出食料の10％を消費しているのである。

　これに対して国内の食料自給率が年々低下していることが問題になっている。食料自給率とは国民が消費する食料を国内でどの程度まで生産できているかを示す指標である。食料自給率の示し方としては、品目別自給率、穀物自給率と総合食料自給率がある。このうち、牛肉や野菜など品目別の自給率と穀物の自給率は重量で比較して算出するが、総合自給率は食料全般の総合的な自給の割合を示すものものであるから供給熱量に換算して集計、比較する（カロリーベース）。わが国では1960年度の穀物自給率は82％、総合食料自給率は79％であったのに、2000年になると穀物自給率が28％、総合食料自給率が40％にまで大幅に低下してしまった。総合食料自給率が40％というレベルは食料輸出国であるカナダの184％、フランスの136％、アメリカの127％は別として、ドイツの97％、イギリスの71％、オランダの70％、スイスの60％などに比べて格段に低い。国際情勢が緊迫して食料輸入がストップするようなことがあると、国民は飢えに直面するのである。

　詳しく状況を見てみると、表3.1に示すように、米のみは実質的には100％に近い自給率を維持しているが、小麦、大豆、トウモロコシなどは1970年頃から全く自給できておらず、肉類、牛乳、乳製品も自給率が6割前後になり、かつて100％自給できていた魚介類、果実も5割を輸入に、野菜ですら2割を輸入に依存するようになっている。

表3.1　食料自給率の推移　　(単位：%)

主要品目別自給率	1960年度	1965年度	1970年度	1975年度	1980年度	1985年度	1990年度	1995年度	2000年度
米	102	95	106	110	100	107	100	103	95
小麦	39	28	9	4	10	14	15	7	11
大豆	28	11	4	4	4	5	5	2	5
トウモロコシ	7	0.2	0.6	0.2	0	0	0	0	0
野菜	100	100	99	99	97	95	91	85	82
果実	100	90	84	84	81	77	63	49	44
肉類[*1]	91	90	89	77	81	81	70	57	52
牛肉	96	95	90	81	72	72	51	39	33
豚肉	96	100	98	86	87	86	74	62	57
鶏肉	100	97	98	97	94	92	82	69	64
鶏卵	101	100	97	97	98	98	98	96	95
牛乳・乳製品	89	86	89	81	82	85	78	72	68
魚介類[*2]	110	109	108	102	97	86	72	59	53
穀物自給率[*3]	82	62	46	40	33	31	30	30	28
供給熱量総合自給率	79	73	60	54	53	55	48	43	40

[*1] 肉類は、鯨肉を除く
[*2] 魚介類は、輸入飼肥料を除く
[*3] 穀物自給率は、米、小麦、大麦、裸麦、雑穀の合計　主食用穀物自給率：60％（2000年）
資料：農林水産省　食料需給表による

2．食料自給率が低下した背景は豊かになった食生活

　国民の食料の6割を輸入に依存するという異常な事態は、1960年頃から現在までの40年間に段階的に形成されたものである。そこには高度経済成長に伴う食生活の充足、飽食を背景にして、人口に比べて狭少な農地、農業の脆弱な国際競争力、それに農産物貿易の自由化を迫る国際圧力が複雑に絡み合っている。

　戦後、わが国は穀物中心の食生活から脱却して、肉料理、油料理を多く摂る欧米型の食生活に転換して栄養の改善に努め、国民体位の向上、平均寿命の延長を果たした。つまり穀物でんぷんの摂取が急激に減り、肉、卵、牛乳など動物性タンパク質と脂肪の摂取が大幅に増えた。その結果、1975年頃になると日本人はどの栄養素も所要量を上回って摂取するようになり、栄養素の摂取バランスを示すPFCエネルギー比率もタンパク質が12～13％、脂肪が20～25

第3章　日本では食料を自給できないのか

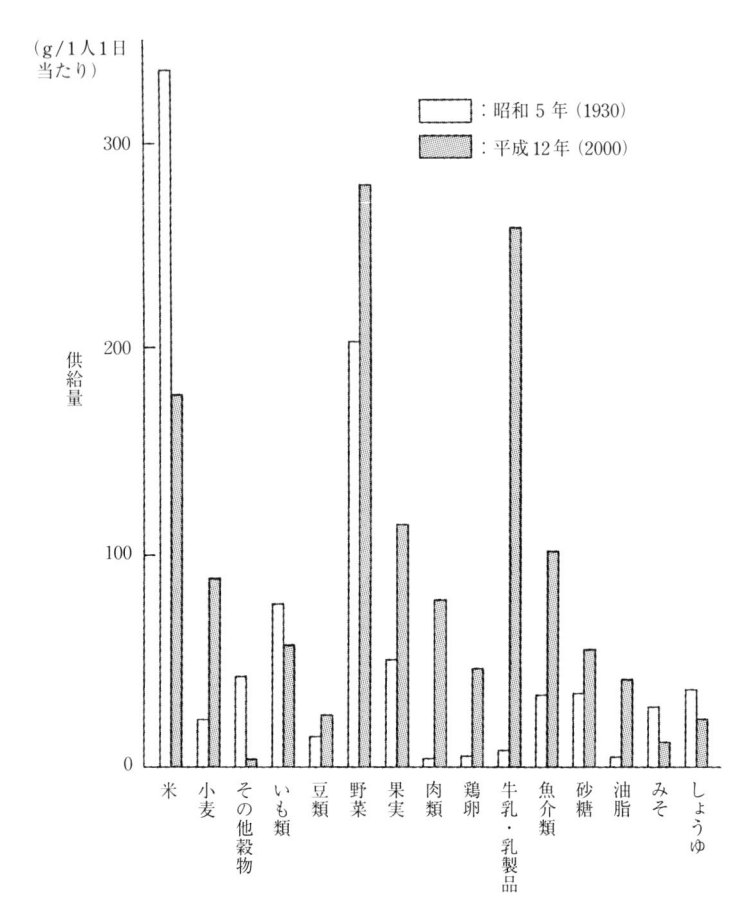

図3.1　戦前と現在の食料供給量の比較（農林水産省：食料需給表による）

％、炭水化物が 57〜68％ という理想的な範囲に収まるようになった。

　戦後の食料事情が落ち着いた 1950 年と食生活の洋風化が一段落した 1975 年で比較してみると、1 人当たりの年間純食料供給量は米が 0.8 倍に減少して、代わりに小麦が 1.2 倍、大豆が 9.7 倍、肉類が 7.9 倍、乳製品が 10.1 倍、油脂類が 13.6 倍、魚介類が 2.4 倍、野菜も 1.7 倍、果実も 2.8 倍に増加している。人口は 50 年当時の 8300 万人から 1 億 1200 万人へと 1.3 倍になったに過ぎないのに、食料の総需要量は数倍になったのである。

　ところが、理想的なまでに改善され、質量共に豊かになった食生活を支える

食料需要を賄う国内農業の生産能力は米を除いては1970年頃までに限界に達し、そして不足し始めた。それ以降の日本の食生活は不足する食料を海外から大量に輸入することなしには維持できなくなったのである。

3．豊かになった食料需要を賄えるだけの生産能力はない

　第二次大戦によりわが国の農業生産力は戦前の60％程度にまで低下し、戦後、ひどい食料難に陥った。そこで、まず米、麦の増産が行われ、ついで畜産物、野菜、果実の生産拡大が順調に進んだ。米は増産が軌道に乗り、1967年に生産量1445万トンのピークに達し自給できるようになったが、皮肉なことに消費量は1963年の1341万トンをピークに減少を始め、2000年には999万トンになった。副食類から栄養を摂るようになって、主食であった米の消費が減少したからである。そのため、1975年から生産調整（減反）が始り、減反面積はかつての作付面積の3分の1に及んでいる。ともかく米だけは唯一自給できるのである。

　小麦を始めとして麦類は1960年代には400万トン近い生産があった。しかし、戦後パン食が普及して小麦の需要が2倍にもなり安い輸入小麦で賄うようになったため、国内生産が急激に減少し、1976年には43万トンまでに減少した。その後、米の転作奨励金を得て100万トン近くまで回復しているが、それでも消費量900万トンの10％あまりに過ぎない。

　日本の穀物生産は戦前から殆ど米に集中していて、大豆、ナタネなどの油糧穀物の生産能力はもともと乏しく、20倍にも急増した油脂需要を到底賄えるものではない。大豆は輸入量が1960年の108万トンから1990年代には500万トン前後まで急速に増加し、自給率は28％から5％にまで低下した。需要が急増した畜産物を生産するための飼料穀物に至っては全量を輸入に依存することにしたから、トウモロコシ、コウリャン、大麦などの粗粒穀物の輸入は1960年の162万トンから2000年の2108万トンにまで激増した。この間に国内の粗粒穀物生産は安い輸入穀物に押されて271万トンから24万トンに減少し、自給率は僅かに1％程度になった。これら輸入飼料穀物に頼らず国内の飼料だけで畜産を行うとすると、畜産物の自給率は1960年において既に47％、

第3章　日本では食料を自給できないのか

2000年では17％しかないのである。

　このように大量の小麦、トウモロコシ、大豆を輸入に依存したから、穀物自給率は早くも1960年に80％前後に低下していたが、穀物以外の食料は1970年頃までは何とか自給できていた。穀物以外の食料の需要増加を1960年と比べてみると、1970年までなら肉類は3.1倍、卵は2.4倍、乳製品は、2.5倍、野菜は1.3倍、果実は2.0倍の増加であった。これに対して国内生産は同じ1960年から1970年までの10年間に、肉類は3.3倍、卵は2.5倍、牛乳、乳製品は2.5倍、野菜は1.3倍、みかんは2.5倍に増加していたので、この頃までならどの食料も90％近くを国内で自給できていた。厳しい輸入規制措置を設けて国内農畜産業を保護していたからでもある。

　しかし、国内農産物が増産できていたのは1970年頃までであり、止まることなく豊かになりつづける食生活を賄うだけの生産をすることが次第にできなくなった。一方で、1980年頃から農産物の貿易自由化を求める関税貿易協定、

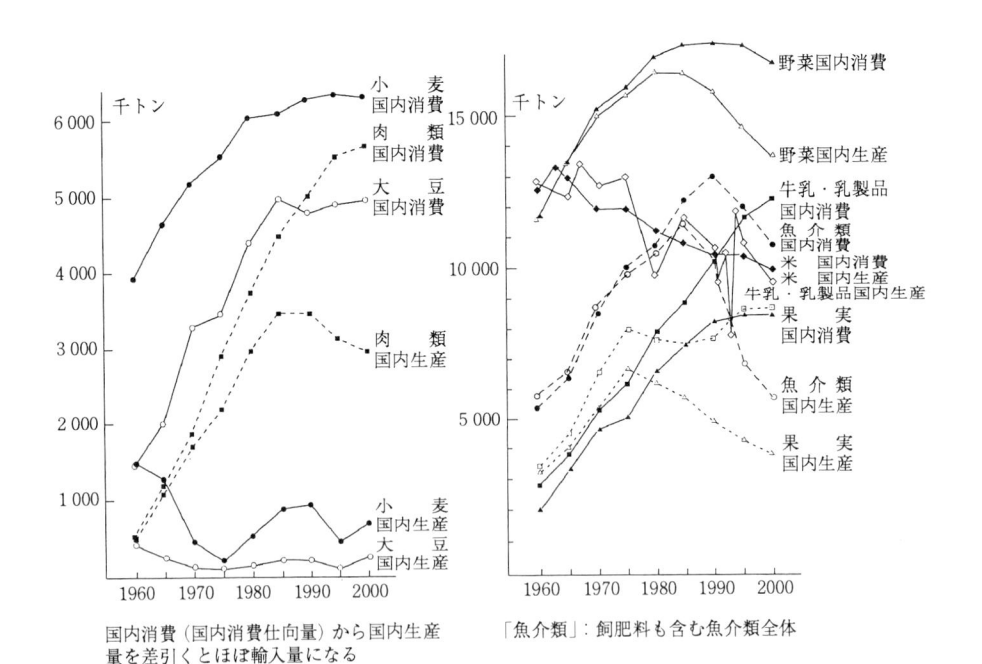

図3.2　食料品目別の国内消費量と国内生産量の推移（農林水産省：食料需給表による）

ガットの要求が厳しくなり、農産物の輸入制限を次第に緩和、撤廃せざるを得なくなったので、輸入農産物が急増してきた。その結果、国内農業は競争力を失って後退し、食料自給率が低下し始めたのである。

1971年に、まずグレープフルーツの輸入が自由化され、豚肉も差額関税制度のもとで自由化された。かんきつ類、熱帯果実、ブドウなどの果物の輸入が多くなり、畜産物の輸入も1980年代に入ってから急速に増加した。野菜は輸入制限しないで市場経済需給に任していたが1960年代末までは輸入は皆無であった。生鮮さが大切な野菜は国内生産が有利であったから生産量は増加を続け、1985年には1650万トンに近づいた。しかし1980年頃より外食や調理済み食品の加工に使う冷凍馬鈴薯の輸入が始まったのをきっかけとして、1990年頃になると冷凍野菜、塩蔵野菜、乾燥野菜など加工野菜の輸入が大幅に増加した。続いて鮮度保持、輸送技術の発達によりカボチャ、アスパラガス、ブロッコリー、里芋、シイタケなどの生鮮野菜も輸入され始めた。輸入野菜は2000年には300万トンを越え、野菜の自給率も82％に低下した。安い中国産野菜に押されて生鮮野菜の価格が下落し始め、国内の野菜生産は1985年以降は減少し始めて1400万トンを割り込んだ。

われわれは1960年代まで動物性タンパク質の半分以上を魚介類から摂取してきたし、現在も44％を摂取している。そのため、沿岸から沖合いへ、さらに遠洋へと世界中の魚を求めて漁獲量を増やし、1960年頃までは国内で消費するだけでなく欧米諸国に輸出もしていた。1970年代に入り、漁業専管水域200海里体制となると北洋でのサケ、マス、スケトウダラなどの漁獲が急減したが、サバ、イワシ、アジ、イカなど近海での漁獲によって漁獲量を増やした。漁獲量は1984年ごろまでは1100万トン水準を維持し完全自給が出来ていたのである。ところが1990年代に入るとイワシ類の漁獲が急速に減少し始めたために、総漁獲量が最盛時の6割程度となった。魚の需要1200万トン前後を賄うために輸入が増えはじめ、2000年には588万トンの食用水産物を輸入して、自給率は53％まで低下した。

このように、自給率を大きく低下させたそもそもの要因は食料の総需要が増えたことであり、生産側の対処に負わされるところは大きくない。もともとわが国は人口に比べて農耕地が少ない。1人当たりの農用地面積が149アールもあるアメリカは別としても、国土面積や人口が日本と大きく違わないヨーロッ

パ諸国でも数十アールあるのに対してわが国では僅かに4アールに過ぎないのである。明治初年には人口約3300万人だったから1人当たり13アールの農地があって、必要とする食料を自給していた。現在では人口が3.6倍になったのに農地面積は当時より20％しか増えていないのだから、当時の貧しい食生活のままでも自給率は3分の1になることを意味する。幸い栽培技術が進歩して単収が3倍以上に増加したとはいえ、現在の豊かな食生活を国内農業だけで維持しようとすれば、農地面積は現在の3.5倍を必要とする。1人当たりの摂取カロリーは2000キロカロリーあまりでそれほど増えたわけではないが、肉や油の摂取が増えたため、摂取カロリー当たりの必要農地面積が1.5倍になっていることが原因している。牛肉1キログラムを生産するのに穀物なら11キログラムを必要とし、大豆油1キログラムを絞るのに大豆5キログラムを必要とするからである。人口に比べて農地面積が不足しているのでどう見ても自給率は3分の1にならざるをえないのである。

今仮に、輸入食料のすべてを国内で生産するとした場合に必要になる農地面積を試算してみると、1200万ヘクタールを必要として、現在の国内作付耕地面積483万ヘクタールの2.5倍となる。1960年には320万ヘクタールを必要とするだけであったが、この40年間に国内作付面積が813万ヘクタールから483万ヘクタールへと40％減少したことと、総食料供給熱量が1.6倍に増え、しかも多量の飼料穀物で生産する畜産物の消費が5倍以上に増大したからである。この1200万ヘクタールの海外農地を耕作して食料を生産する農家がどのくらい必要であるか、国内で最も効率的な経営をしている農家に換算して試算してみると、主食穀物1200万トンを生産するのに28万戸、飼料穀物1600

表3.2 主要先進国の人口と農用地面積

	日本	イギリス	ドイツ	フランス	アメリカ
人口（万人）	12,669	5,950	8,203	5,903	28,043
国土面積（万 ha）	3,779	2,429	3,570	5,515	96,291
農用地面積（万 ha）	487	1,722	1,701	2,990	41,825
	(13％)	(71％)	(48％)	(54％)	(43％)
1人当たり農用地面積（a/人）	3.8	28.9	20.7	50.7	149.1

（注）農用地面積の欄の（ ）内は、国土面積に占める農用地面積の割合である。
資料：農林水産省「耕地及び作付面積」、総務省「推計人口」、FAOSTAT

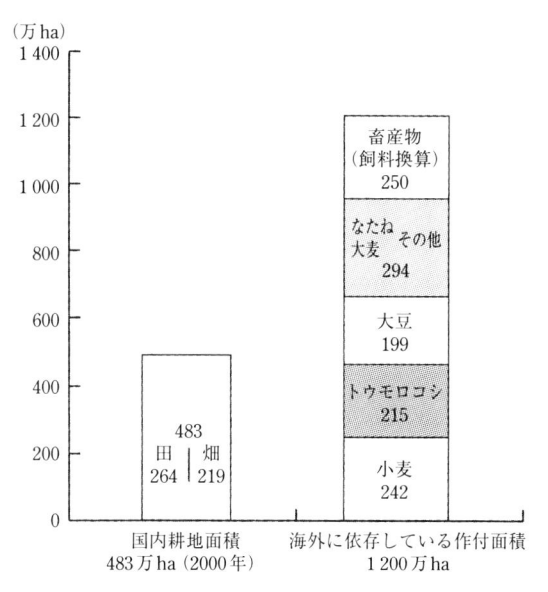

図3.3 輸入農産物の生産に必要な海外の作付面積
（農林水産省：食料需給表、耕地及び作付面積統計、財務省：貿易統計、FAOSTATによる）

万トンに24万戸、油糧原料500万トンに10万戸、野菜300万トンに1.5万戸、果実480万トンに4.8万戸、肉220万トンに4.3万戸、牛乳300万トンに1万戸、その他合計で80万戸の海外農家を必要とする計算になる。因みに、国内の専業農家は40万戸である。そればかりでなく、国内農地が放出する2.5倍もの農業環境負荷も海外の農業諸国に押し付け、さらにこれら農産物を生産するのに要した600億トンもの水資源まで奪っているのである。

4．自給率の低下に拍車をかけた農産物貿易摩擦

わが国は1955年に関税と貿易に関する国際協定（ガット）に加入した。農産物の貿易に関する当時の方針は日本農業にとって不可欠な基幹的農産物である米、牛肉、牛乳、粉乳、バターと、地域農業に欠かせない特産物である温州ミカン、果汁、小豆、落花生などは国内で生産することにして輸入を制限し、輸入に依存せざるを得ない飼料穀物などは関税を低くして安定的な輸入を確保しようというものであった。1962年当時の輸入数量制限品目は103品目あっ

た。

　この方針に従い、大豆など油糧穀物、飼料穀物、粗糖、バナナとレモン、生鮮野菜の輸入が自由化されたから、1960年代には合計して年率で14％増にもなる急激な食料輸入が始った。特にトウモロコシ、コウリャンなどの輸入飼料穀物の価格はアメリカの生産過剰が原因して国内の生産価格に比べて著しく安く、輸入に対抗して国内の生産を維持することは極めて困難であった。そのため、全量を輸入に依存する体制となり、それが現在まで続いている。大豆と麦類には国産保護措置がとられていたが生産は一貫して減少し、一方需要は急増したために早くも1970年に輸入依存度が大豆では96％、麦では85％にもなった。安価な輸入飼料で生産する豚肉、鶏肉、輸入穀物から絞る食用油は価格が安く、肉や油の消費を一層拡大させることになった。しかし、これら穀物以外の食料は国内で増産して1970年ごろまで90％近くの自給率を確保していたのである。

　1970年代に入るとアメリカの国際収支が悪化して日米の貿易不均衡の是正が両国間の大きな問題になり、アメリカは主力輸出産物である牛肉、オレンジ、果汁の輸入自由化を強く要求した。国際的通貨調整についてのスミソニアン合意もあり、政府は輸入自由化品目の拡大と輸入制限品目の輸入枠拡大をすることになった。豚肉、リンゴ、ブドウ、グレープフルーツなど生鮮果実、トマトピューレ、マカロニなどの加工食品の輸入が自由化されたから、食料輸入は一段と加速され自給率を急落させ始めた。

　この時期の自由化により農作物の輸入制限品目は残り19品目となり、安価な輸入食料の増加により国内農業の後退が進み、農業者の不満が高まり、政府はこれ以上の農産物の輸入自由化は困難であるとしばしば表明することになった。しかし日本の高度成長を支える工業製品を輸出している見返りとして、食料輸入を自由化せざるを得なかったのである。日本農業は規模が零細であるうえに、高度経済成長により労働賃金が高くなっているので、農産物の生産コストは海外諸国に比べて非常に高く、殆ど競争力を持たない。例えば、1994年の試算によると、生産コストは米がアメリカの11倍、小麦が10倍、牛肉が2倍にもなるのである。このため、国際的に容認されるような関税率で輸入が自由化された場合には、国内農業の競争力は大変弱く、短期間に生産が大きく減少する。「輸入自由化」は「国内生産の放棄」を意味し、国内生産を続けられる品

4. 自給率の低下に拍車をかけた農産物貿易摩擦

表 3.3 米の生産価格に影響する諸要因の日米比較

	日　本		米国 C	日米格差（倍）	
	全国平均 A	5 ha 以上 B		A/C	B/C
労働費（円/10 a）	55,180	32,898	1,475	37.4	22.3
物財費（円/10 a）	76,878	62,080	10,725	7.2	5.8
種苗費	3,450	2,112	711	4.9	3.0
肥料費	8,602	8,138	1,155	7.4	7.0
農薬費	7,216	6,511	1,473	4.9	4.4
光熱動力費	3,415	3,346	2,343	1.5	1.4
農機具・建物費	29,253	24,492	2,160	13.5	11.3
その他（土地利用・水利費、賃借料など）	24,942	17,481	2,883	8.7	6.1
費用合計（円/10 a）	132,058	94,978	12,200	10.8	7.8
1戸当たり作付面積（ha）	1.1	8.1	113.0	1/103	1/14

注）為替レートは1ドル＝102円である
資料：農林水産省「平成6年産米生産費」、米国農務省「Economic Indicators of the Farm Sector, Costs of Production, 1994」

目は限られたもののみとなった。残されたものは、まず米、そして鮮度が重視される飲用牛乳、生鮮野菜、温帯性新鮮果実と鶏卵である。そのほか、日本人が好む霜降り肉として高価格で販売できる和牛肉、また安い輸入飼料と多頭飼育でコストを下げた豚肉、鶏肉、乳用牛の肉は輸入品と競合できていた。

1980年代の後半になると、アメリカとEU諸国を中心とする食料輸出国はさらなる市場開放を求めるようになった。日本は1991年に牛肉、オレンジ、92年には果汁、95年にはすべての乳製品の自由化を認めることになった。1992年には輸入制限品目は12品目になった。1994年のガットのウルグアイラウンド農業貿易交渉では、各国共に国内農業保護の水準を20％引き下げて市場貿易体制に協力することを約束したので、日本には米の市場開放、関税化が強く要求された。政府は最後まで残していた米の輸入制限を廃止して2000年から関税化することにした。それまでは代償として義務輸入をすることになり、1995年から米総生産量の4％、約40万トンの輸入を始め、順次増やし2000年には8％、77万トンにまで拡大することにしたのである。日本の米の生産者価格はアメリカ産米の6.6倍、タイ産米の9.5倍であるから、1999年からの米の関税割り当て率は当初700％として、6年間で15％引き下げること

になっているが、1995年にガットに代わって発足した世界貿易機関（WTO）からは関税主義のさらなる徹底を要求されている。かくして、2000年には米も88万トンを輸入して自給率が95％となり、1995年のWTO発足以後の僅か5年間で日本の総合食料自給率は43％から40％へと3％も低下したのである。総合食料自給率はカロリーベースで計算するから、米の自給率が10％下がると総合自給率は2.4％下がるが、野菜ならば0.6％下がるだけである。米の自給率が50％にもなるようなことになれば総合自給率は29％にもなってしまう。

　日米貿易交渉やウルグアイラウンド合意でわが国が支払った代償はとりわけ農業分野で余りにも大き過ぎた。輸入によらなければ必要な食料が調達できないとはいうものの、総合食料自給率が40％という低水準になると食料の安全保障がおぼつかない。食料生産のみならず、国土の環境保全、文化の伝承、地域社会の維持などの役割も果たしてきた国内農業が危うくなったのである。日米間の貿易不均衡を解消するには農業貿易額は小さく、大して役に立たない。米需要の20％を輸入したとしても7億ドルであり、貿易不均衡額の1％を解消するだけである。それよりも自動車輸出の1％、3300台を自粛すればよいのであり、実際に実行してもいるのである。執拗な農産物貿易の自由化要求はアメリカの国内農業保護政策に他ならない。

　国際協調時代といえども、国民の9割までもが食料の安全保障に不安を感じるようなレベルまで食料自給率を引き下げるような圧力をかけられるべきでない。食料の安全保障は基本的な人権というべきもので、不当に侵されてはならない。日本政府は今後のWTO農業交渉において食料の安全保障の確保と国土と社会の保全に欠かすことの出来ぬ国内農業への配慮を強く主張することになる。

5．自給率の回復には消費者と生産者が協同して

　食料の大半を輸入に依存している現状では、不測の事態が発生したときの食料確保に大きな不安がある。食料危機に際して、自国の都合を顧みずに日本の食料を心配してくれる食料輸出国はあるのであろうか。1973年のアメリカは国内需給の逼迫を理由に大豆の輸出禁止措置を執ったので、日本では豆腐、食用油などの需給がパニック状態になったこと、近くは1993年の米の大凶作時

に米の輸入確保に苦労したことなどが記憶に新しい。特に穀物の自給率が28％に過ぎないために食料の安全保障に対する国民の不安は大きい。農林水産省の予想によれば、食料が海外から輸入できなくなった場合、1996年の農地面積、495万ヘクタールでの生産では1人1日当たりの供給食料熱量が1760キロカロリーに落ち込み、2010年に農地面積が396万ヘクタールに減っているとすると、国内農業で供給できる熱量は現在の約半分、1440キロカロリーになるという。成人男性なら生命を維持するだけに1500キロカロリーを必要とするのであるから、これでは餓死寸前である。

食料が全く輸入できなくなるなどと考えるのは非現実的かもしれない。しか

表3.4 食料が輸入できなくなった場合の食料供給量のシミュレーション

現在の食生活	(1996年度)		
熱量	2,651 kcal/人・日	タンパク質	90 g/人・日
米	67.3 kg/人・年	肉類	30.8 kg/人・年
小麦	33.0 kg/人・年	牛乳・乳製品	93.3 kg/人・年
いも類	20.8 kg/人・年	油脂類	14.8 kg/人・年
大豆	6.7 kg/人・年	魚介類	37.9 kg/人・年
現在の農地495万 ha が維持されるなら			
供給熱量水準の大幅な低下、米・いも類の増加、小麦・畜産物・油脂・魚介類等の大幅な減少			
熱量	1,760 kcal/人・日 (66) 程度	タンパク質	52 g/人・日 (58)
米	90 kg/人・年 (134)	肉類	3 kg/人・年 (10)
小麦	3 kg/人・年 (9)	牛乳・乳製品	64 kg/人・年 (69)
いも類	78 kg/人・年 (375)	油脂類	4 kg/人・年 (27)
大豆	6 kg/人・年 (90)	魚介類	21 kg/人・年 (55)
農地が2010年に396 ha へ減少するなら			
供給熱量水準の大幅な低下、米・いも類の増加、小麦・畜産物・油脂・魚介類等の大幅な減少			
熱量	1,440 kcal/人・日 (54) 程度	タンパク質	42 g/人・日 (47)
米	69 kg/人・年 (103)	肉類	3 kg/人・年 (10)
小麦	2 kg/人・年 (6)	牛乳・乳製品	49 kg/人・年 (53)
いも類	66 kg/人・年 (317)	油脂類	4 kg/人・年 (27)
大豆	3 kg/人・年 (45)	魚介類	20 kg/人・年 (53)

三輪昌男監修、世界と日本の食料、農業、農村に関するファクトブック2002より
注)( )内は1996年度を100とした指数
資料:農林水産省

し、食料の大半を輸入に頼ることは考えている以上に危いことを思い知らされる事件が相次いで起こった。2003年末、アメリカで狂牛病が発生し、牛肉の輸入がストップしたため牛丼チェーンから牛丼が消えるという事態になった。牛肉は67％を輸入に頼り、しかもその半分をアメリカ一国から輸入していたからである。同じ時期に鳥インフルエンザの発生によりタイ、中国からの鶏肉の輸入が止まった。しかし、鶏肉は64％が自給できていて、タイ、中国からの輸入は19％に過ぎなかったから大きな騒ぎにならなかった。食料自給率は60％ぐらいを確保しておきたいものである。

　世界的に見てみると21世紀には開発途上国の人口が大幅に増加し、それに伴って食料需要が急増してくると予想されている。ところが世界の農耕地面積はもはや拡大できる見込みがなく、反当り収量の増加も鈍化している上に、農業に伴う環境負荷の顕在化などがあって生産拡大が望みにくい。現在でも世界で8億人の人々が飢餓や栄養不良に苦しんでいる。近い将来に食料需給が危機的に逼迫するとなれば、現在のような大量の食料買い付けを続けていては穀物の国際価格を高騰させ、開発途上国から食料購入の機会を今以上に奪うことになる。今後も国民の食料の6割もを海外の農業生産に依存し続けるということは、生きていくのに最低限必要な食料は地球上の誰にでも平等に与えられるべきであるという「食料正義」からみても適切な選択でない。国内の農業資源を持続可能な方法で最大限に活用することが急務であろう。

　そこで、1999年に施行された食料、農業、農村基本法では国内農業生産を回復することを基本にして、それに輸入、備蓄とを適切に組み合わせて食料の安定供給を確保することにした。とりあえず、2010年までに供給熱量ベースで総合食料自給率を45％に戻すことを目標として、消費と生産との両面から取り組むことになっている。消費の面では、過剰摂取になりつつある畜産物と油脂の消費を1995年頃のレベルにまで減らすこと、そして食料の生産、加工、流通から消費、廃棄に至るフードシステムと家庭内の食行動を見直して、年間1900万トンにもなる食品廃棄物を10％削減することである。食品廃棄物は供給食料の15％ぐらいに相当しているから、10％減らせば輸入食料が0.7％ぐらい減る計算である。生産面では、国産農作物が消費者により多く選択、購入してもらえるよう、品質、安全性、価格などの改善に努めること、輸入に全面的に依存してきた小麦、大豆、飼料作物の生産を回復するよう取り組むこと

5. 自給率の回復には消費者と生産者が協同して

表 3.5 食料自給率の回復目標（単位：％）

	1997年度	2000年度	2010年度（目標）
供給熱量ベース総合食料自給率	41	40	45
主食用穀物自給率	62	60	62
飼料用を含む穀物全体の自給率	28	28	30
飼料自給率	25	26	35

品目別食料自給率目標 （単位：％）

	1997年度	2000年度	2010年度（目標）
米	99	95	96
うち主食用	103	100	100
小麦	9	11	12
大麦・はだか麦	7	8	14
甘薯	99	99	97
馬鈴薯	83	78	84
大豆	3	7	5
うち食用	14	(15)	21
野菜	86	82	87
果実（計）	53	44	51
みかん	112	94	101
りんご	66	59	65
その他の果実	35	31	37
牛乳・乳製品	71	68	75
肉類（計）	56	52	61
牛肉	36	33	38
豚肉	62	57	73
鶏肉	68	64	73
鶏卵	96	95	98
砂糖	29	29	34
茶	89	(93)	96
（参考）			
魚介類	73	62	77
うち食用	60	53	66
海藻類	66	63	72
きのこ類	76	74	79

注）個々の品目については、重量ベースで自給の度合いを示す
（　）：1998年値
資料：農林水産省「食料・農業・農村基本計画」、2000

が計画されている。表3.6に示すように、どれも計画どおりに生産を2倍に回復させれば自給率は3％向上することになる。

第3章 日本では食料を自給できないのか

表3.6 食料自給率を1％引き上げるために必要な国内生産の拡大

小麦の場合	42万t（作付面積は12万ha）の国内生産の拡大と輸入物との代替が必要			
	国内生産量　58万t 作付面積　17万ha	（1999年度）→	100万t 29万ha	（約1.7倍）
大豆の場合	28万t（作付面積は16万ha）の国内生産の拡大と輸入物との代替が必要			
	国内生産量　19万t 作付面積　11万ha	（1999年度）→	47万t 27万ha	（約2.5倍）
自給飼料作物の場合 （牛乳・乳製品に仕向ける場合）	1,536万t（作付面積は39万ha）の国内生産の拡大と輸入物との代替が必要			
	国内生産量　3,803万t 作付面積　96万ha	（1999年度）→	5,339万t 135万ha	（約1.4倍）

資料：農林水産省　平成12年度版　食料・農業・農村白書。

　そのためには、農業経営に市場原理、競争原理を導入し、経営効率に優れた大規模農業経営体を育成し、国産農産物の生産コストを引き下げ、内外価格差を縮小する必要があることはいうまでもない。しかし、輸入穀物に対抗できるところまで生産コストを引き下げることは至難である。例え、10〜50ヘクタール規模で米を生産して生産コストを半分にしても、まだカリフォルニア米の3倍である。それよりも、消費者が自給率回復を意識して食べ方を変えるほうが良い。現在の国民1人当たり1日の供給食料熱量は2645キロカロリーであるから、その1％に相当する264キロカロリーを国産農産物から余分に摂り、その分だけ輸入食料を食べるのを減らせば食料自給率は1％向上する。白米なら7.3グラムだからご飯を茶碗に0.1杯余分に食べて、輸入小麦を使った食パンを0.4枚減らせばよい。大豆なら6.2グラムであるから豆腐、0.12丁である。月に3丁食べていた外国大豆の豆腐を国産大豆のにすればよい。遺伝子組換え大豆の使用表示に絡んで国産の食用大豆が人気を呼び、15万トンだった生産量が2001年には27万トンに回復した例がある。牛肉なら9グラムであるが、飼育に使った輸入トウモロコシのカロリーを考えると牛肉0.7グラムで済む。現在、1日21グラム食べている牛肉を1995年当時の20グラムに戻せばよいのである。

第4章　飽食と飢餓が共存しているのに

1．地球が養える人口は

　人類が農業を始める前の人口はせいぜい300～600万人であったとみられている。われわれが全く何もしなかったら地球上にある食料だけで養える人間の数はその程度にすぎない。農業により食料を大量に安定して得られるようになってから人口は急速に増加した。現在では60億人になっているから実に1000倍になったのである。西暦紀元前後には世界の人口は約2億人に達していたらしいが、その後、10世紀頃までは食料生産力に限界があり、人口が過剰に増えると飢餓を生じ、疫病、戦乱で減少するということをを繰り返していた。先進国で人口が本格的に増加し始めるのは15世紀の大航海時代からである。アメリカ大陸で農地の拡大が進み、新大陸から持ち帰ったジャガイモはヨーロッパの食料供給力を飛躍的に増大させた。産業革命による技術発展は所得の向上と

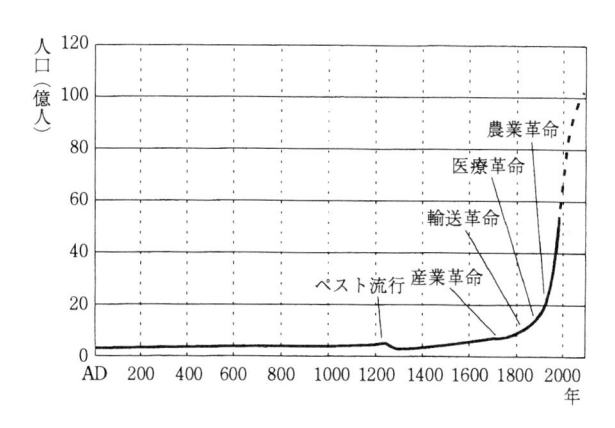

図4.1　世界人口の推移
(The Global Ecology Handbook, Beacon Press (1990) による)

第4章 飽食と飢餓が共存しているのに

食料需要の拡大をもたらしたが、ヨーロッパ諸国は新大陸からの食料輸入、新大陸への移民によって対応することができた。人口は20世紀初頭には16億人、世紀半ばには25億人となった。20世紀の後半には化学肥料と農薬の利用により生産性が大幅に向上した。アメリカにおけるトウモロコシの収量は一代雑種の利用により4倍にも増加し、「緑の革命」といわれる半わい性高収量品種の小麦や稲の開発はメキシコ、インド、フィリピンなどで穀物収量を倍増させた。ところが植民地解放により政治的独立を果たした発展途上国、特にアフリカ諸国の人口が爆発的に増加し始めて、そのための食料の確保が緊急の課題になった。これに加えて、1972年に生じた穀物と石油の価格高騰によって食料とエネルギー資源には限りがあるという認識が世界的に高まり、食料問題が深刻な国際的課題になったのである。

　食料需給を決定する要素は人口と食料生産量であり、生産量は栽培面積と単収によって決まる。世界の穀物生産量、単収、収穫面積を過去35年間の年次変化で見てみると、人口は1.9倍に増加したのに対して、穀物の生産量はこれを上回る2.4倍に増加している。この間、穀物の収穫面積は1.1倍とほぼ横這いであったから、生産量の増加は大部分が単収の増加によることがわかる。単収

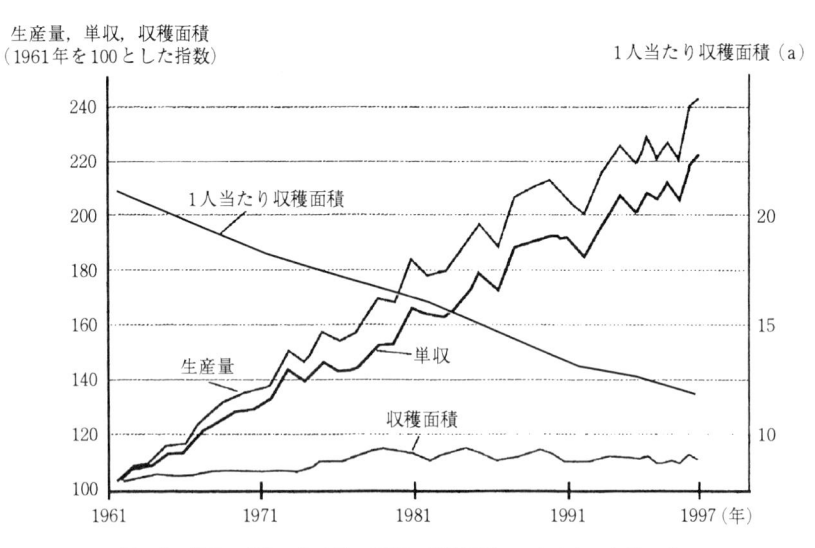

図4.2　世界の穀物の生産量、単収、耕地面積、1人当たり収穫面積
（三輪昌男監修：世界と日本の食料、農業、農村に関するファクトブック2002年より）

を2.2倍に増加させた要因は、高収量品種の導入、化学肥料使用量の増加、農薬の使用、灌漑面積の増大などである。しかし最近では生産量の伸びが次第に低下し始め、一方、人口は急激な増加を続けているので1人当たりの収穫量が年々急速に減少している。ほぼ年率2％で増え続ける人口を養うには年率3％の食料増加が必要であるから、農業生産がそれに追いつけないと食料不足が生じてくる。

今日、地球の全陸地面積の9％に当たる14億ヘクタールの耕作地、23％に相当する34億ヘクタールの牧草地と樹園地を使って、世界就業人口の約半分に相当する人数が農業を営んでいる。そこで年間19億トンの穀物、2.7億トンのジャガイモ、1.3億トンのサツマイモ、1億トンの大豆などを生産し、13億頭の牛、9億頭の豚、12億頭の羊、107億羽の鶏などを飼育していて、それらが60億人の食料となっている。しかし、1人1人がこれらの食料を1日平均2500キロカロリーずつ摂取するとすれば、約50億人しか養うことができない。2500キロカロリーを摂取できない国もある今のままでも77億人しか養うことができないと推定されている。現在、世界の人口は60億人を超えていて、先進32カ国では人口が安定しているが、開発途上国では人口が爆発的に増え続けている。2001年に発表された国連の世界人口予測によると2050年には93億人に達し、その90％の82億人が途上国に集中するという。

一方、主要食料である小麦、米、トウモロコシ、その他の雑穀など穀物の作付面積は新しい耕地の開拓、灌漑地の拡大、多毛作の促進などがほぼ終わって、最近の20年ほどは増加していない。逆に、家畜の過放牧、塩害、表土流失などで失われる耕地が多い。長期的には、地球温暖化やオゾン層の破壊、酸性雨などで農業環境が悪化することが懸念される。農林水産省が1998年に公表した「世界食料需給モデル」によると、このような生産制約がある場合には、2025年に穀物の消費量が2割増加して25億トンになるのに対して、生産量は25億トンどまりとなり、需要が逼迫して穀物の国際価格が4倍に高騰する。この場合、1人当たりの穀物消費量は先進国では僅かに増加するが、発展途上国では現状よりも減少し、栄養不足状態が深刻化する。途上国地域では域内で生産される穀物生産量が2億8000万トン不足するようになり、1994年に比べて3倍の不足になると予想される。1億5000万トンの不足でも3〜5億人の人が飢餓線上をさまようことになるというから絶対的な食料危機がくるのである。

表 4.1 世界の穀物の生産量、消費量、輸出入量の予測

世界の穀物の生産量、消費量、輸出入量の予測　　　（単位：百万 t）

	世界計		先進国地域			開発途上国地域		
	生産量	消費量	生産量	消費量	純輸出量	生産量	消費量	純輸出量
1994年	1,782	1,782	843	740	104	939	1,043	▲104
2025（単純趨勢）	2,914	2,914	1,213	989	225	1,700	1,925	▲225
2025（生産制約）	2,473	2,476	1,132	852	282	1,341	1,624	▲282

1人1年当たり年間穀物消費量の予測

	1994年		2025年			
			単純趨勢シナリオ		生産制約シナリオ	
	実数	指数	実数	指数	実数	指数
先進国	578 kg	100	709 kg	123	611 kg	106
開発途上国	240	100	289	121	244	102
中南米	279	100	340	122	271	97
アフリカ	163	100	192	118	140	86
中近東	335	100	359	107	291	87
アジア	235	100	298	127	262	112
世界　合計	317	100	362	114	308	97

資料：農林水産省　世界食料需給モデル 98年、FAO FAOSTAT
1) 単純趨勢シナリオ：耕作作物について、現状の単収の伸びが継続し、農地面積の拡大の制約もないと見込む。
2) 生産制約シナリオ：環境問題等の制約や、かんがい等の農業基盤整備の停滞等から、単収の伸びが鈍化するとともに、農地面積の拡大も制約があることから、生産の伸びが鈍化するものと見込む。

2．世界で8億人が飢えている

　現時点での穀物生産量20億トンを世界総人口60億人で割ると、1人当たり年間で333キログラム、供給エネルギーにして1日、3000キロカロリーになるから、世界全体として十分な穀物生産があるようにみえる。それにもかかわらず、世界の人口の約80％近くを占める途上国の人々は十分な食料を摂っていない。穀物の半分は世界人口の20％が住む豊かな先進国で消費し、残りの半分を人口の80％を占める貧しい開発途上国が分け合っているからである。FAOは2000年現在で、発展途上国では6人に1人の割合で、合計8億人が低

2. 世界で8億人が飢えている

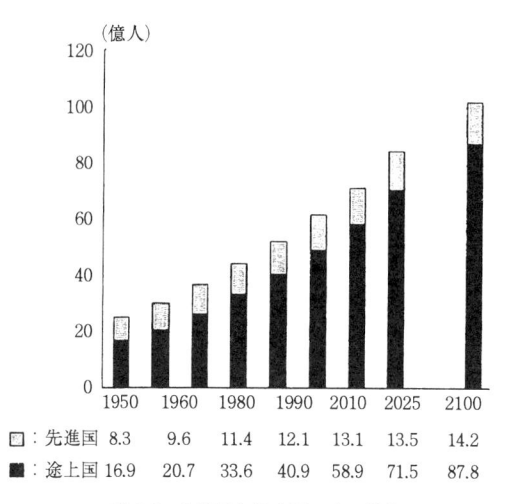

	1950	1960	1980	1990	2010	2025	2100
□：先進国	8.3	9.6	11.4	12.1	13.1	13.5	14.2
■：途上国	16.9	20.7	33.6	40.9	58.9	71.5	87.8

図 4.3　先進国と途上国の人口推移
（玉木浩二著：地球環境,農業、エネルギー、理工図書、2002年より）

　栄養状態に苦しんでいると推定している。低栄養状態とは1日の平均的な食料摂取が体重を維持し、軽い活動をするのに足りない、つまり摂取エネルギーが基礎代謝量の 1.54 倍以下しかない状態のことである。生きるための最小エネルギーである基礎代謝量の 1.2〜1.4 倍以下しか摂取できない状態になると飢餓といっているが、2010 年になると東アジアや中南米、北アフリカでは飢餓人口比率が 10 %、アフリカのサハラ南部では 32 % になると予想している。その一方で、先進諸国では1日に 3000 キロカロリー以上を飽食して、肥満による健康障害が生じているのである。

　先進諸国の飽食とアフリカの飢餓が併存するのには理由がある。一つは市場経済を通じての食料配分が原因である。食料輸出国、特にアメリカには食料が余っているが、発展途上国にはそれを購入する経済力がないからである。人類の 20 % を占める豊かな 12 億人が世界の食料の 86 % を独占し、最も貧しい 12 億人の人々は僅か 1.3 % しか配分されていないのである。1996 年、ローマで開催された FAO 世界食料サミットでは途上国における食料不足や飢餓の改善を目指して、2015 年までに低栄養状態で苦しんでいる人々の数を現在の半分の4億人にまで減らすことにして、先進諸国には国民総生産の 0.7 % を

第4章　飽食と飢餓が共存しているのに

ODA予算として支援するよう求めた。しかし2000年の現状を見ると達成は2030年まで遅れる見通しである。

　もう一つの理由は、経済開発が進み国民所得が向上すると、食生活が豊かになり動物性食料の消費が増加することである。1000キロカロリーのエネルギーを摂取するのに穀物を食べれば300グラムで足りるが、穀物を牛に食べさせて牛肉に変えて1000キロカロリーを摂取しようとすると3キログラムの穀物が入用になる。牛肉、豚肉、鶏肉1キログラムを生産するのに必要な穀物はそれぞれ11キログラム、7キログラム、4キログラムであるから、結果として1人当たりの穀物必要量が大幅に増加することになる。先進国の穀物消費量は年間578キログラム、途上国は240キログラムで2倍の格差がある。もし、世界中が穀物の半分を食用にして、残りの半分で家畜を飼ったとすると、1人当たりの平均食用熱量はたちまち1500キロカロリーになってしまう。

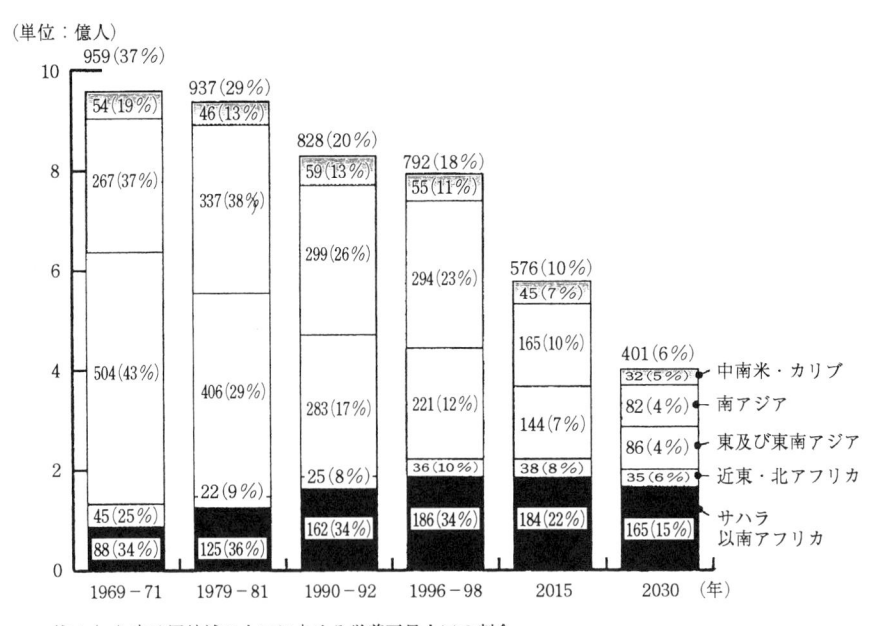

注：（　）内は同地域の人口に占める栄養不足人口の割合

図4.4　開発途上国における栄養不足人口（FAO：2000年世界の食料不安の現状より）

3．人口増加による食料不足が自然を破壊している

　発展途上国には世界人口60億人の約80％近くが住んでいて、今なお人口が増加しつづけているためにそれに見合う食料が得られていない。先進国の人々が1日3000キロカロリーを消費しているのに、アフリカ諸国ではその3分の1程度しか入手できず、6人に1人は低栄養状態にある。アフリカ、サハラ砂漠以南の諸国では、1人当たりの穀物生産量が1960年からの20年間に20％以上も減少し、今後も改善される兆候が見られないので、2010年には22％の人が飢餓状態になると予想されている。これらはすべてこの地域における急激な人口増加が原因である。局地的に過剰になった人口を養うため限られた農地、森林からの無理な収奪、草地での過剰な放牧が想像をはるかに越える速度で耕地を荒廃させ、土壌を侵食し、砂漠化するなど自然環境の破壊をもたらし、それがまた飢餓や土砂災害となって住民にはね返っている。

　1980年代の開発途上国において、人口の急激な増加による食料不足が引き起こした自然と生態系の崩壊を、新聞記者として現地で調査してきた石　弘之東大教授は著作「地球環境報告」〜岩波新書〜でその恐ろしい光景を生々しく報告している。その一部を抜き書き、引用させていただくと；

　サハラ砂漠南側の乾燥地帯であるサヘル地域では1982〜85年の旱ばつで3500万人が餓死線上をさまよい、300万人が死んだ。この地域はこれまで周期的に旱ばつに襲われていたが、これほどの被害になったのは気象だけでなく、旱ばつを受け止めてきた自然や人間が変わったためでないかといわれている。スーダンの北ダルフール州ブルーシ村は、200戸ほどのわら小屋が肩を寄せ合っている小さな集落である。村の周辺にはかって数千本のアカシア・セネガルの木が生えていて、村人はその樹皮に傷をつけてアラビアゴムを採って現金収入にしていた。10年ほど採ると樹脂が出なくなるので切り倒して薪や炭にし、後を焼き払って畑にした。マメ科の木なので土を肥やし作物が良く育った。4〜6年耕すと地力が落ちてくるので放置して再びアカシアの林に戻すという輪作が長い間続いてきた。ところが、スーダンの独立と共に人口が増え始め、400人程度の人口が80年代初めには1500人を超えるようになった。人々は知らず知らずの内に畑を増やした。といっても歩いて通える可耕地は限られ

ているから手っ取り早い手段として休耕期間が短縮され、次はアカシアの林の開墾となる。乱伐で木の少なくなった林にはこれもやむなく増やしたヤギや羊が自由に出入りしてアカシアの実生を食い尽くしていった。薪取りと家畜により半径10キロ以内の森林は2、3割に減ってしまい、緑の防波堤を失った畑も放牧地も乾燥しきっているところへ旱ばつが襲いかかったのである。牛とヤギの9割が死に絶え人口は半分になった。…村のエネルギー源は薪と炭であるから薪取りに出かける。旱ばつ前は2、3キロのところで薪が取れたが、村の周辺で木が姿を消してからは片道6、7キロ歩かねば取れない。畑も酷使と乾燥化により土がすっかり変質して収量は半減した。収量が半減すると畑の拡張になり70年ごろは一家当たり5〜6ヘクタールの農地が平均であったのに今では13〜15ヘクタールないと一家を食べさせて行けない。この一帯では農業生産が生態学的に見て自然を破壊しない限度の2倍になっているという…土壌破壊の究極的な姿が砂漠化である。既に世界で毎年600万ヘクタール、つまり日本の全耕地を上回る面積が人類の活動により完全に砂漠化し、南北米大陸に匹敵する35億ヘクタールがその影響をかぶっているとも推定される。

　エチオピアは高地にあるため気候が温暖で水にも恵まれ、かつて国土の半分以上は森林で覆われていた。それが1986年には2.5％も残っていない。毎年20万ヘクタール、つまり東京都と同じ面積の森林が消えたのだ。最大の理由は20数年ごとに倍増してきた人口である。家畜も人間の増加と正比例して増えていく。人間は薪を切り出し、森林を焼き払い、切り払って畑や放牧地に変える。家畜は容赦なく緑を食べ荒らしていく。自然の破壊で旱ばつが常習化して、農耕地の7割が土壌浸食を起こし農業生産が急速に低下している。しかも、緑が減ると雨も減り、慢性的に旱ばつ飢餓に悩まされることになった。
（石　弘之著「地球環境報告」岩波新書33（1988）5〜10、14〜16、71〜72頁）

4．日本は食料をどうして調達してきたか

　明治初年の食料需給については十分な統計がないが、人口は3480万人、食料は供給熱量ベースで1人1日2000キロカリーに達していなかったらしい。明治末、1911年になってようやく2124キロカロリーになったと推定される。これでは飢餓状態より少しましという低栄養状態ではあるが、国内の農耕

地440万ヘクタール、1人当たりにして13アールを活用して1000万トンの穀物を生産して、何とか食料を自給していたのである。今日では人口が1億2700万人と3.6倍に増えたので1人当たりの農耕地は4アール弱に減少した。だから国内だけで食料を自給するとすれば米の単収が3倍以上に増加したことを考慮しても、明治初年当時のままの貧しい食生活しかできないのである。大正から昭和初期にかけて、都市人口が増加し、食生活が改善されると、食料が不足し始めたので、台湾、朝鮮半島における米の増産、満州への移民政策が進められた。それでも、昭和初期、1930年代までの食生活は豊かなものでなかった。米飯でエネルギーの8割を摂り、副食は野菜、大豆、魚を材料にした一汁一菜であったから、動物性タンパク質と脂肪に乏しい食事であった。供給熱量は1人1日2200キロカロリーを確保していたものの、栄養素のバランスが悪く低水準の栄養状態にあった。国民の体位は貧弱で、平均寿命も男性45歳、女性47歳に過ぎなかったのである。

　第二次世界大戦により農業生産が6割程度に減少したので、戦後は食料不足が深刻になり、1946年の1人1日当たりの摂取カロリーは1449キロカロリーに過ぎなかった。アメリカの占領地救済資金による食料の緊急輸入により急場をしのいだのであるが、救援食料は米換算で国内需要の26％に及ぶ213万トンに達した。そこで農業基本法を制定して国内農業の復興、増強に努め、まず、米、麦の増産を行い、1960年代になって米不足を解消してからは、畜産物、果実、野菜などの生産拡大に努めた。

　一方、貧弱な栄養状態を改善するため穀物中心の食生活から脱却して肉料理、油料理、乳製品を多く摂る欧米型の食生活に転換する指導が始まった。その結果、1960年になると食料需要状況が変化して、米の需要は1262万トン（1人当たりの摂取量は大戦前の1930年に比べて0.99倍）、小麦397万トン（同じく2.7倍）、いも類985万トン（同じく0.8倍）、大豆など208万トン（同じく4.4倍）、肉類62万トン（同じく4.7倍）、卵69万トン（同じく4.7倍）牛乳、乳製品218万トン（同じく4.1倍）、砂糖308万トン（同じく1.2倍）、油脂68万トン（同じく1.6倍）、野菜1174万トン（同じく1.1倍）、果実330万トン（同じく1.4倍）に増加した。この頃までは小麦、大豆、飼料穀物、砂糖を除けば需要量の90〜100％を国内農業の増産で賄うことができていた。

　その後も食生活の改善は高度経済成長に恵まれて順調に進み、1960年から

1970年までの10年間に食料需要はさらに増えて、肉類は3.0倍、卵は2.3倍、乳製品は2.5倍、野菜は1.3倍、果実は2.0倍の増加を示したが、国内生産もそれに応じて拡大し飼料穀物、油糧穀物を除けばいずれも90％近くまで国内で自給できていた。基幹農産物には厳しい輸入規制を設けて国内農畜産業を保護育成したためでもある。

　ところが1970年代に入るとアメリカの国際収支が悪化して日米の貿易不均衡が問題になり、農産物の輸入自由化を強く迫られるようになった。輸入制限品目は少なくなり、安価な輸入食料が増加すると国内農業の後退が始った。日本は人口に比べて耕地面積が少なく、1人当たりの耕地面積はアメリカに比べて40分の1、ヨーロッパ諸国に比べても10分の1に過ぎないからもともと食料自給量には限度がある。当然、農家の経営規模は零細であり、高度経済成長により賃金や社会コストも高くなっていたから、農産物の生産コストは食料輸出国のそれに比べてはるかに高く、WTOが要求するような関税率で輸入を自由化した場合には殆ど競争力を持たない。生産能力に十分な余裕がある米、鮮度が重視される飲用牛乳、生鮮野菜、温帯性生鮮果実、鶏卵、品質的に競争力のある和牛肉などを除いて、自給率は急落し総合食料自給率が40％を割るようになった経緯は前章で詳しく述べた。

5．食料危機が襲来するならば

　1970年以降になると、食料消費の増大と多様化に対応できるだけの食料を調達するにはもはや国内生産の拡大だけでは追いつかなくなり、不足分は輸入の選択的拡大に頼る他はなかった。その結果として2000年度に国外から輸入した食料は、小麦や飼料穀物2764万トン、大豆など517万トン、肉類276万トン、乳製品395万トン、魚介類588万トン、砂糖208万トン、油脂73万トン、野菜300万トン、果実484万トンなど約6000万トンとなり、総食料輸入金額は4兆円になる。世界人口の2％に過ぎない日本人が世界貿易市場に出る食料の10％を食べ尽くしていることになる。仮に、輸入食料のすべてを国内で生産するとすれば現在の国内耕地面積483万ヘクタールの2.5倍に相当する1200万ヘクタールの農地面積が別に必要となるのである。

　このように国民の食料の大半を外国からの輸入に依存するという異常な事態になった理由は、先に述べたとおり人口に比べて国内の農耕地が圧倒的に少な

いという地域的制約が根本的原因であり、必ずしも日本人が必要以上に飽食をして食料不足を招いているわけではない。しかしながら、これでは不測の事態が生じた場合の食料の安全保障について大きな不安がある。予想されている食料危機が現実となり、食料の輸入ができなくなれば日本人の食料はどのようになるのか。農林水産省は国民1人当たり1日2000キロカロリーを確保するには次のような食料供給体勢が必要であると試算している。第一に、約500万ヘクタールに減少した耕地の作付率を1960年当時のように130％にまで戻して最大限に活用する。第二に、米の消費量を1960年当時の1人当たり年間126キログラムに戻して米食主体の食生活をしてカロリーを摂る。第三に、単位面積当たりの生産熱量が大きいいも類などの生産を増やす。第四に、穀物飼料を多く必要とする豚、鶏の飼育を減らし、草や農作物の残りで牛、馬を飼育する。養殖飼料にされているイワシなど多種性の魚を食用にまわす。こうすれば1億2700万人の日本人は昭和30年代と同じ水準の熱量、炭水化物、タンパク質、脂質を確保できるとしている。実際、飼料用穀物を除けば、30年代はほぼ自給できていたのである。しかし、これなら食料を自給できるといっても当時のような米食中心の貧しい食生活に戻ろうという人は多くはないであろう。

　食料輸入が全く途絶えるなどと考えるのは非現実的であるにしても、現在のように世界中から大量の食料を輸入できる強い経済力を何時まで維持できるのか、日本の食料輸入が輸出国の経済や社会、環境に与えているマイナスの影響をどう考えていくのかなどの問題がある。日本が大量の食料を輸入することを続ければ、飢餓に脅かされている途上国の人々からさらなる食料を奪うことになりかねない。現在でも開発途上国で8億人もの人々が低栄養状態に苦しんでいて、近い将来には食料不足がもっと深刻になることを考えれば、国内の農業資源を持続可能な方法で最大限に活用することが国際的な責務である。命を繋ぐだけの食料は地球上の誰にでも手に入れられるようにするのが「食料正義」というものであろう。

　そこで1999年に施行された食料、農業、農村基本法では国内農業生産の回復を基本にして、それに輸入、備蓄を組み合わせて食料の安定供給を確保することにしている。そこで食料自給率の低下に歯止めをかけて、2020年までに供給熱量ベースで総合食料自給率を45％に戻すことを当面の目標にして、生産と消費の両面から取り組むことになった。生産面では輸入に全面的に依存して

きた小麦、大豆、飼料作物の生産復活に取り組むこと、国内農産物の品質、安全性の改善に努め、価格が少々高くとも消費者に選択、購買してもらえるようにすることである。昨今頻発している生鮮食料品の原産地表示を流通関係者が偽装することなどは、生産者のまじめな努力と消費者の国産品愛用の意識を無駄にするものである。

　消費の面では今後なお増加しつづける畜産物と油脂類の摂取を健康面から見直して、脂肪によるエネルギー摂取比率が25％であった1993年の消費水準まで減らすこと、供給食料の26％にもなる食べ残し、廃棄による食料ロスを10％削減することなどである。供給食料の10％近くが隠れた食べ過ぎになっているのかもしれないことは第1章で述べたとおりである。農林水産省の推計では、1996年度の食品廃棄物の総排出量は総供給食料の16％に相当する約1940万トンもあり、そのうち食品販売業、外食産業などからの排出は31％、食品製造業からの排出は18％であるのに家庭からの排出量はより多く51％を占めている。しかもその4割は食べ残しと古くなった食品であるというから、じつに395万トンもの食料が無計画なつられ買い、買いすぎの結果として手もつけられないで捨てられていることになる。食べ過ぎ、無駄買いなどをあわせた供給食料の無駄の10％ぐらいは少し注意すれば節約できるものであろう。「輸入してまで食べ残す」ことがないように、食料品を計画的に購入し食べられるだけの適量を調理することが望まれる。

　国内生産量が圧倒的に不足するものや、生産価格が輸入品の数倍にもなるものは輸入に頼るしかないが、野菜などはそのようなことはなく十分に自給できるのである。それなのに1990年代に入ってネギ、ピーマン、トマトなど、生鮮野菜の輸入が増加して300万トンにもなり、自給率を82％にしてしまった。野菜需要の55％を消費する外食、加工産業が安価で品質の揃った野菜の一括安定供給を求めて、中国、アメリカ、韓国などからの輸入を増やしているためである。このため、国内の野菜栽培は需要の殆ど、1650万トンを自給できていたにもかかわらず、後退して生産量を1400万トンに減らしてしまった。昨年、残留農薬問題が大々的に報道されたために中国産野菜は一時スーパーの店頭では敬遠されたかのように見えたが、輸入量はいつの間にか元に戻っている。コンビニ弁当や惣菜の業務用原料として国産の半分の値段で入手できる中国産のサトイモ、インゲン、キヌサヤなどは製品の低価格を維持するためには欠かす

ことの出来ない必需品であるためである。農産物にまで工業製品と同じように
サイズの規格化と安定供給、そして国産では実現できない安値を要求すること
を反省し、消費者を含めてフードシステム全体で食料自給のための社会コスト
を負担する覚悟がなければならない。

　われわれは1年間にクルマエビ換算で70〜100尾を食べるエビ好きである。
日本で食べるエビの90％が輸入品であり、年間28〜30万トンの輸入エビは
主としてアジア諸国で養殖されている。エビの養殖には海水を採取しやすい海
岸沿いの地域が適しているので、海岸沿いのマングローブ林が伐採されて養殖
池に転用される。そのため、タイではマングローブ林の50％が、フィリピン
でも67％が20年ほどで失われてしまった。マングローブ林は住宅や農地を
高潮や強風から守り、風や波による海岸侵食を防ぎ、住民に燃料や建築用材を
提供するなど地域住民の生活に直結していたのである。沿岸のマングローブ林
を開発し尽くしたタイでは内陸部の水田地帯における養殖に切り替えられた
が、ここでは地下水汲み上げによる地盤沈下、養殖池から出る汚泥や塩類の蓄
積で稲作に障害が出ることになった。このように食料の輸入は輸出国に新しい

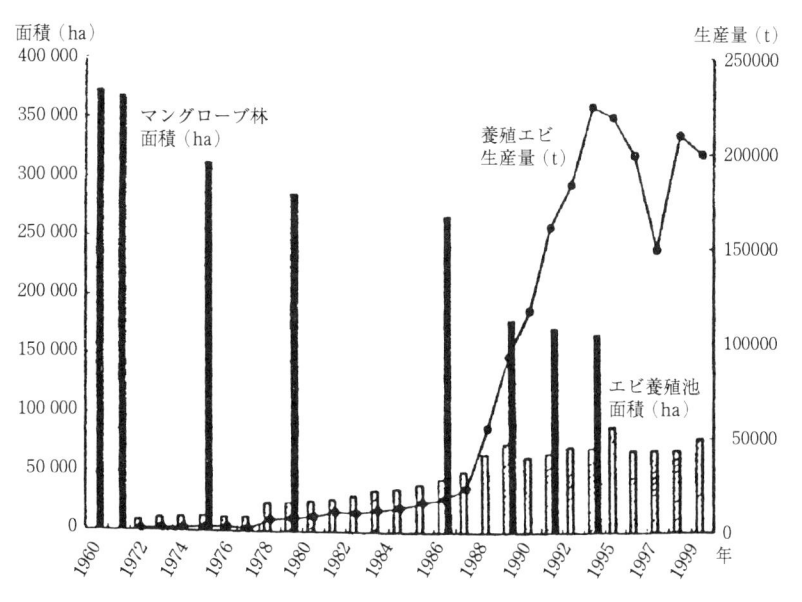

図4.5　タイにおけるエビの養殖とマングローブ林面積の減少

産業と雇用をもたらすこともあるが、地元の資源を独占し、農業や水産に伴う環境負荷を押し付けることにもなることを忘れてはならない。消費者の一人一人が無駄な消費を改め、度を過ぎた食の利便性の追及やグルメ志向などを慎むべきであろう。

第5章　農業も環境を傷つけている

1. 農業が自然の物質循環を乱し始めた

　人間が狩猟と採取によって食料を得ていた時代には、人間は自然の生態系を構成するメンバーの1員として植物や動物と共存していて、自然の構成や秩序を撹乱することはなかった。しかし人間の人数が増えると狩猟と採取だけでは生存していくだけの食料を調達できないので、食料となる作物を栽培する農耕、そして動物を家畜化して飼育する牧畜を営むようになった。その頃から人間は草地や森林を切り払い、焼き払って農地とし、川をせき止めて灌漑をするなど、自然を自分達の生活に都合よく変え始めたのである。

　今日、地球の全陸地面積の9%に当たる13億ヘクタールの耕作地、23%に相当する34億ヘクタールの牧草地と樹園地を使って、世界の就業人口の約半分に相当する人数が農業を営んでいる。そこで年間19億トンの穀物、3億トンのジャガイモ、1億トンの大豆などを生産し、13億頭の牛、9億頭の豚、12億頭の羊、107億羽の鶏などを飼育しており、それらが60億人の食料となるのである。このように、農業と畜産業は地球規模で営まれるので、地域や地球の環境に大きな影響を及ぼすことになる。もともと農業は大気、土壌、水系、生物相などをめぐる自然の物質循環の流れを巧みに利用して、食料の生産を持続的に行ってきたのである。ところが20世紀に入り人口が急増したためにそれを養う食料を増産しようとして、途上国では過剰な耕作と放牧を行って耕地の砂漠化や塩類蓄積を引き起こし、焼畑で農地を広げようとして森林を失い、先進国では化学肥料の過剰な施用による土壌の劣化と表土流出、河川、湖沼の富栄養化、農薬の使用による環境汚染などが生じている。20世紀後半、60億人を養うために農業が自然の物質循環を乱し、環境を破壊し始めたのである。

(68)　第5章　農業も環境を傷つけている

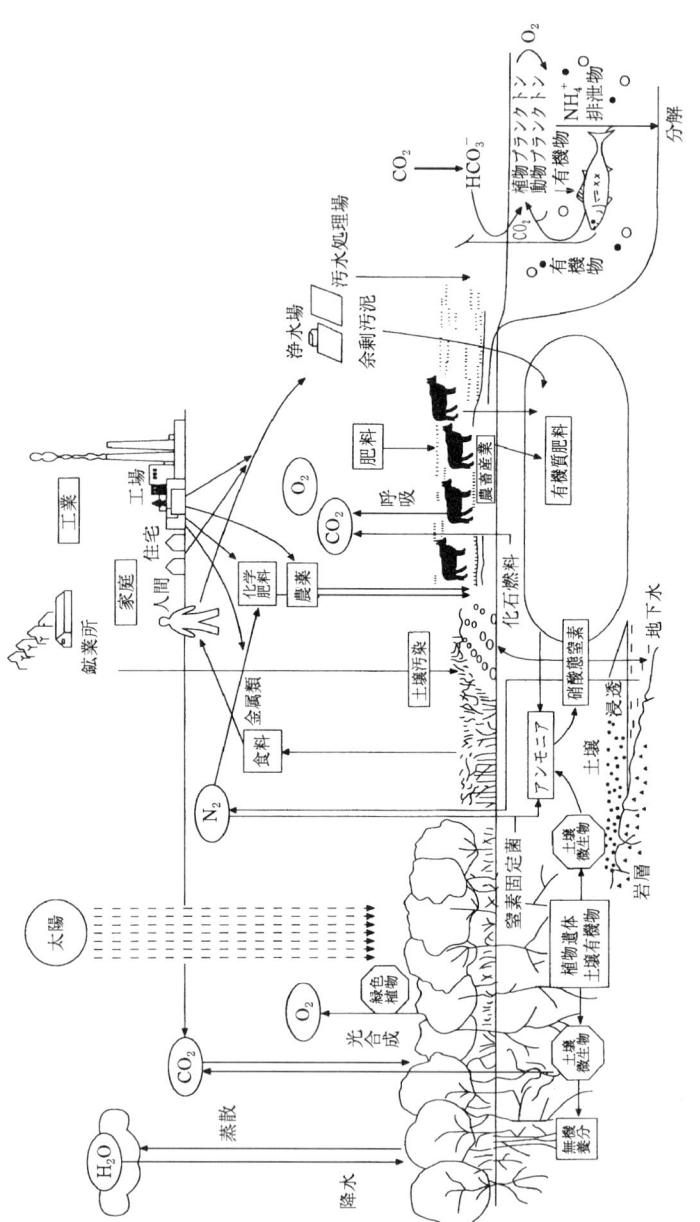

図5.1　自然と生物による物質循環

2. 農業と地球温暖化

　1ヘクタールの耕地には、44億キロカロリーの太陽エネルギーが降り注ぎ、3000〜4000トンの水が蒸散する。そこで栽培される稲や小麦は、年間1ヘクタール当たり4トンの種実を稔らせるのに昼間20トンの炭酸ガスを吸収して光合成を行い、14トンの酸素を放出する。夜間には呼吸を行い酸素4トンを吸収して炭酸ガス5トンを放出するので、差し引き1ヘクタールの耕地当たり年間15トンの炭酸ガスを吸収して10トンの酸素を放出することになる。農業により行われる光合成は地球上の全光合成の10％程度に相当する。因みに、日本の森林では1ヘタールあたり1年間に炭酸ガスを15〜30トン吸収し、酸素を11〜23トン放出しているといわれる。

　地球とこれをを取り巻く大気圏では図5.3に示すように、大気、植生、土壌、地殻、海洋、海底に炭素が貯留されていて炭酸ガスとなって循環している。大気中の炭酸ガスの量は炭素に換算して7500億トンであり、2000億トンが海洋と大気との間の物理化学的拡散と、植物の光合成と呼吸、土壌微生物の呼吸、

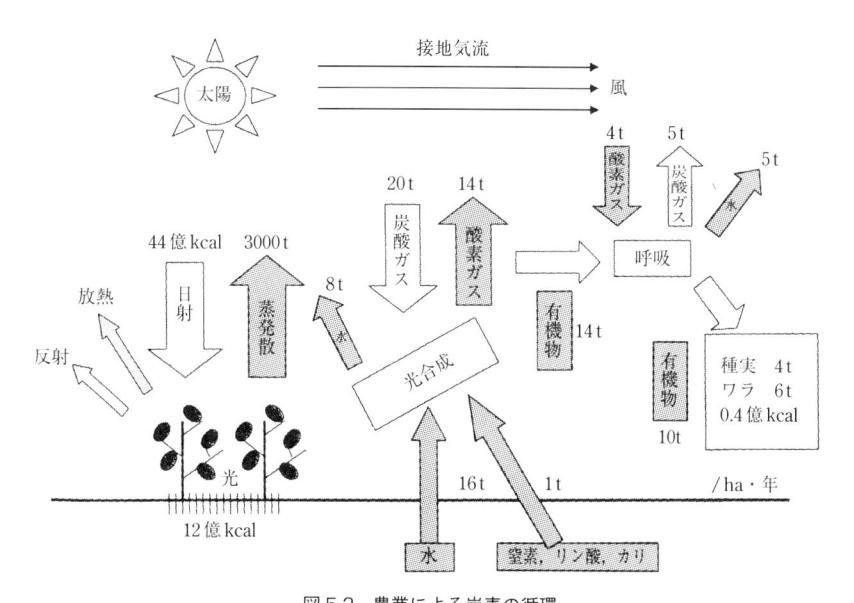

図5.2　農業による炭素の循環
（玉木浩二著：地球環境・農業・エネルギー、理工図書、2002年より転載）

第5章　農業も環境を傷つけている

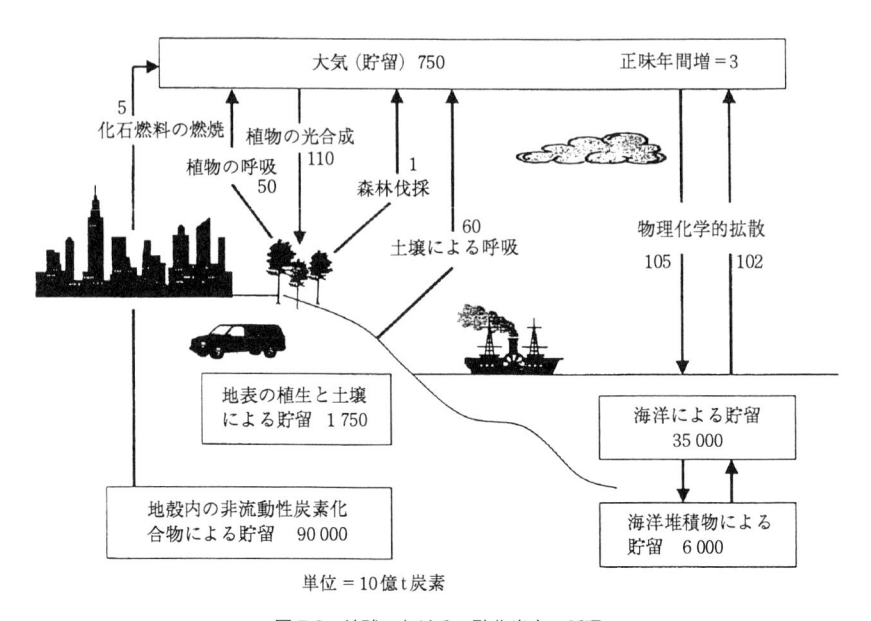

```
                    大気（貯留）750              正味年間増＝3
    5
  化石燃料の燃焼  植物の光合成
        植物の呼吸   110
           50     森林伐採  1
                         60                物理化学的拡散
                    土壌による呼吸          105    102

    地表の植生と土壌
    による貯留　1 750                    海洋による貯留
                                          35 000

    地殻内の非流動性炭素化            海洋堆積物による
    合物による貯留　90 000            貯留　6 000

              単位＝10億t炭素
```

図5.3　地球における二酸化炭素の循環
（玉木浩二著：地球環境・農業・エネルギー、理工図書、2002年より転載）

によりやり取りされてバランスが取れてきた。そのうち、年間1000億トンは植物や海洋プランクトンによる光合成で吸収されるが、ほぼ同量がその呼吸により放出されるので、生態系に含まれている有機態炭素の量は長い年月にわたってほぼ一定に保たれてきた。なお、植物の光合成によって大気中に放出される分子状の酸素は約5300億トンとされているが、これとほぼ同じ量の酸素が生物の呼吸などに使われるので、酸素の循環もバランスが取れている。農耕や工業あるいは植生の破壊などに伴って人為的に消費される酸素は地球上での全酸素消費の数パーセントに過ぎない。

　ところが、最近の100年ほどの間に人間の活動によって発生する炭酸ガスが増えてきてバランスが崩れてきた。化石燃料の燃焼により年間53億トン、耕地の開発や、熱帯雨林の伐採に伴う土壌有機物の損失で52億トン、人間と家畜、作物の呼吸で生じる30億トンを加えて炭酸ガスの人為的な発生量は年間135億トンにもなってきた。そのため大気中の炭酸ガスは炭素換算で毎年30億トンずつ増加し続けている。産業革命以前には280 ppm程度で安定してい

た大気中の炭酸ガス濃度が 360 ppm となり、現在も年間 1.5 ppm ずつ増加しているので、21 世紀末には 500 ppm に達するかもしれない。

大気中の炭酸ガスは日射エネルギーを地表から放散する赤外線を吸収して大気圏に閉じ込め、その一部を地表に再放射するので、地球は次第に温暖化して過去 100 年間に平均気温が 0.6 ℃ も上昇している。大気中の炭酸ガスの量が 2 倍にも増えると平均年間気温は 2～3.9 ℃ 上がるから、このまま続くと 21 世紀末には平均気温が 1.4～5.8 ℃ も上昇して、海面水位が 88 センチメートル上昇する。そのため海面下に多くの土地が失われ、渇水や豪雨など気象変動が激しくなり、気温と降水量に依存する農作物の生育に大きな影響が出る。アジア諸国では小麦、トウモロコシなどが数割の減産になると予想されている。

1980 年度の調査であるが、産業別の地球温暖化への寄与率を見ると、人為的な炭酸ガス発生の大半をもたらすのは化石燃料の燃焼であり、そのうちで農業で使用しているのは多くても 3～5 % と見られている。これに、水田から発生するメタンガス、家畜の反芻と排泄物から発生するメタンガスと、窒素肥料の多施肥が原因となって発生する亜酸化窒素をも含めて農業の地球温暖化への寄与率は 9 % ぐらいであると推定されている。しかし寄与率が 18 % にもなる森林減少は大部分が焼畑などの結果であると見るべきであろう。そこで別の試算をすると、農業に起因する温暖化ガスの発生割合は、肥料、耕作などから 3 %、牛などの反芻動物、水田、バイオマス燃焼から 13 %、森林伐採などから 10 %、合計 26 % を占めるとも考えられる。

3．農業による窒素の循環

20 世紀の後半には緑の革命と呼ばれるほど農業技術が大きく進歩した。米、麦の高収量品種の開発、化学肥料と農薬の普及、農業機械の導入、灌漑施設の整備などにより生産は飛躍的に増加した。1950 年に約 6 億トンであった穀物生産は 2000 年には 20 億トンに増加し、人口は 25 億人から 60 億人へと 35 億人も増加することができた。過去 40 年間の世界の穀物生産量、単収、耕地面積の変化を見てみると、生産量は 220 % に増加したが、耕地面積は 10 % ほど増加したに過ぎず、生産量の伸びは主として栽培技術の進歩によって単収が増加したことによる（第 4 章、図 4.2 参照）。特に化学肥料の施用が単位面積当たりの農地から得られる穀物の収量を顕著に増加させた。

第5章　農業も環境を傷つけている

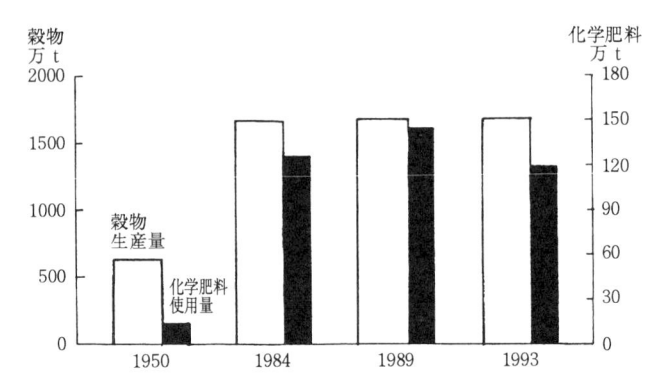

図5.4　世界における化学肥料使用量と穀物生産量
（レスター　ブラウン著：飢餓の世紀、ダイヤモンド社、1996年より転載）

　窒素は農作物の生育に欠かすことができない元素であるから、リン、カリと共に肥料として補給される。そこで窒素とリンの物質循環について考えてみよう。地球上に存在する窒素は大気の主成分である分子状窒素ガス、アンモニア、硝酸など窒素酸化物と、タンパク質などに含まれている有機態窒素の4形態に分かれて存在し、生物の作用により相互間で循環している。つまり、窒素を含む有機物を分解してアンモニアにするアンモニア化、その逆のアンモニア同化、大気中の分子状窒素をアンモニアにする窒素固定、硝酸を還元して窒素ガスを発生する脱窒、アンモニアを酸化して亜硝酸から硝酸にする硝化、そして逆に硝酸からアンモニアを作る硝酸同化である。

　農作物は根から土壌中のアンモニウムイオンや硝酸イオンなど無機態の窒素を吸収、同化して作物体を肥らせるから、農業は意図的なアンモニア同化と硝酸同化であるといえる。また空中窒素を固定することができる根粒菌を共生させている豆科植物を栽培したり、アンモニア合成で窒素肥料を製造することも農業による窒素固定である。耕作地に鋤きこんだわらや家畜糞など有機態の窒素は細菌の働きで分解してアンモニアや硝酸に戻り、窒素循環に加わる。また、水田のように嫌気的な条件下では、土壌中の硝酸の脱窒が生じる。また有機物を含む農業排水や家畜し尿の処理は窒素循環から見れば有機体窒素のアンモニア化、硝化、脱窒である。

　地球上で大気からの窒素固定量は年間2.7億トンであるが、その内の2.2億

3. 農業による窒素の循環　(73)

生物圏における窒素循環　　（単位　億t・年）

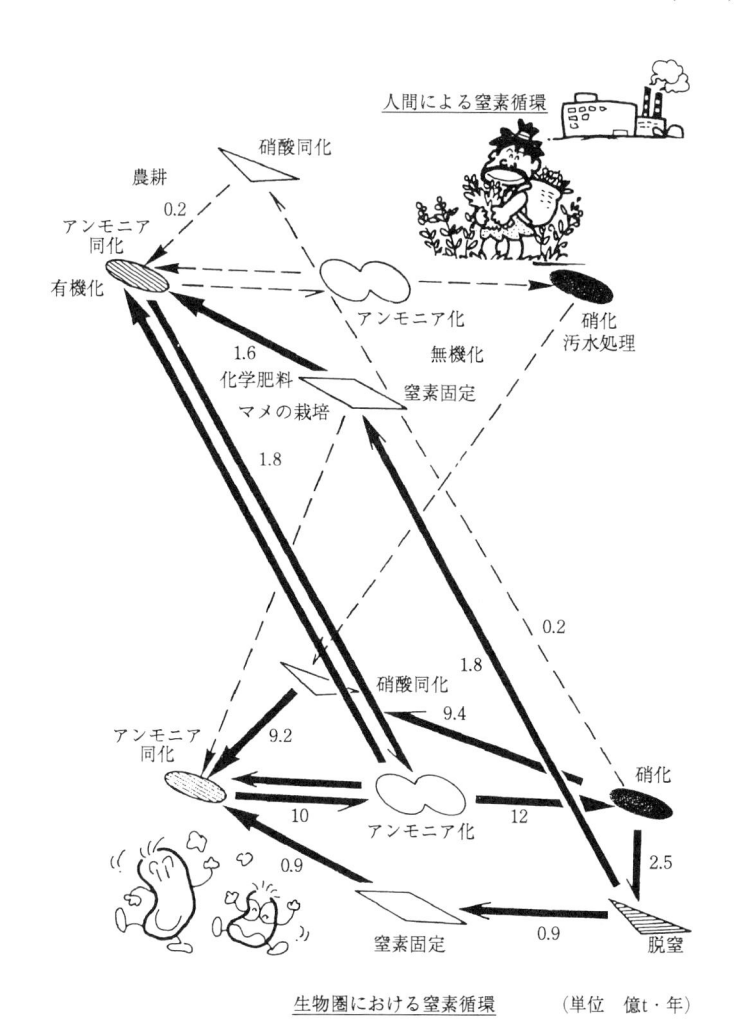

図5.5　生態系における窒素循環と農業
（水谷　広著：地球とうまくつきあう話、共立出版、1987年より転載）

トンが生態系を介して行われ、その1.6億トンは農業による人為的な固定とみられる。地球上で行われている窒素固定の6割以上が人間の手を経ていることになる。アジアの水田では湛水中の藍藻類や光合成細菌などが活発な窒素固定を行うため、無肥料で長年稲を作りつづけているところがある。アンモニア合成工業で固定され化学肥料として使用される窒素の量は年間0.5億トンであ

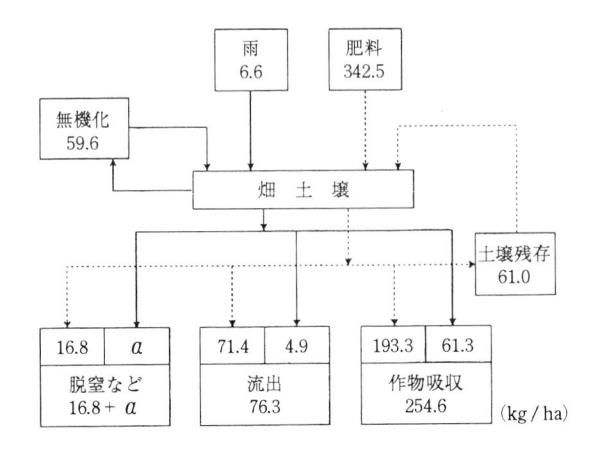

第5章　農業も環境を傷つけている

```
                    雨      肥料
                   6.6    342.5
         無機化       │      │
         59.6        │      │
           │  ┌──────┴──────┴──┐
           └──┤   畑  土  壌   ├──────┐
              └──┬──────┬──────┘      │
                 │      │             │土壌残存
                 │      │             │  61.0
        ┌────────┼──────┼─────────────┤
     ┌──┴──┬───┐ │ ┌───┬───┐ │ ┌───┬───┐
     │16.8 │ a │   │71.4│4.9│   │193.3│61.3│
     └─────┴───┘   └───┴───┘   └───┴───┘
       脱窒など       流出         作物吸収
       16.8 + a       76.3         254.6     (kg / ha)
```

実線：自然窒素（雨・土壌有機窒素のフロー）
点線：肥料窒素（硫酸アンモニウムのフロー）

図 5.6　畑における窒素収支
（小川吉雄著：地下水の硝酸汚染と農法転換、農山漁村文化協会、2000年より転載）

る。

　農業生産に伴う肥料の投入や収穫物の搬出など、畑における窒素の収支を図 5.6 に示した。窒素は降雨、化学肥料、土壌有機物の分解による無機化によって畑に持ち込まれ、農作物の収穫、地表、地下水への溶脱、脱窒により持ち出される。多肥料集約栽培が慣行となっているわが国では、ヘクタール当たりの窒素施肥量が 255 キログラムありオランダ、韓国、ベルギーについで多いため、投入窒素効率は 47％ と良くない。肥料として施用された有機態窒素やアンモニウム態窒素は土壌中で亜硝酸態窒素を経由して硝酸態窒素に変換される。土壌中の硝酸態窒素は作物に吸収されるものを除いて、水に溶けて地下に浸透し地下水を汚染する。畑から流出する硝酸態窒素は投入された窒素量の 10～30％ に当たる年間 15～80 kg/ ha と推定される。畑地で年間 333 kg/ ha の施用窒素量ならば、溶脱率 30％ として約 100 キログラムの窒素が溶脱するから、年間 1000 mm の浸透水量ならば地下水の硝酸含量が平均 10 mg/ l になる。そこで施肥窒素はヘクタール当たり 300 キログラムを越さないように指導がされているが、それでもわが国の農村地帯の井戸水の 6％ には 10 mg/ l を超える硝酸が検出される。窒素の多量施肥が原因となって野菜に硝酸イオンが多く

含まれるようになったとの指摘があるが、土壌や野菜に硝酸イオンの上限基準を設けるほどの根拠はない。なお、投入した窒素の約 0.3 % は一酸化窒素となって大気中に放散され、地球温暖化に働く。

すべての生物はアンモニアを有機態窒素に換えるアンモニア同化とそれを分解してアンモニアに戻すアンモニア化を行うが、アンモニア化の規模が 10 億トンほど大きい。そのアンモニアを硝酸に酸化する硝化作用の総量は窒素換算で 12 億トンであり、その殆どは土壌中の細菌によるもので、耕作地で生じる硝化は 0.2 億トンにすぎない。その硝酸を同化するのも植物と細菌であって窒素換算で 9.4 億トン規模であるが、農耕地で生じるのは 0.2 億トンである。硝酸から土壌細菌により生じる脱窒は 2.5 億トンぐらいである。

かくして農業による窒素固定とアンモニア同化により作物に取り込まれて有機態窒素となる人為的な窒素循環は年間、窒素換算で 1.8 億トンもあって自然の生態系によるものより多い。これに対して、農作物に取り込まれた有機態窒素を再びアンモニア化し、硝化、脱窒して無機窒素に戻す循環は農業によるのでなく自然の生態系の働きに押し付けられるのである。

特に、わが国では食料を国内農業のみでは自給できず、6 割を海外から輸入しているため、食料として持ち込まれた有機態窒素が国内での窒素循環の規模を超える莫大な量になっている。わが国における 1992 年度の窒素の収支の流

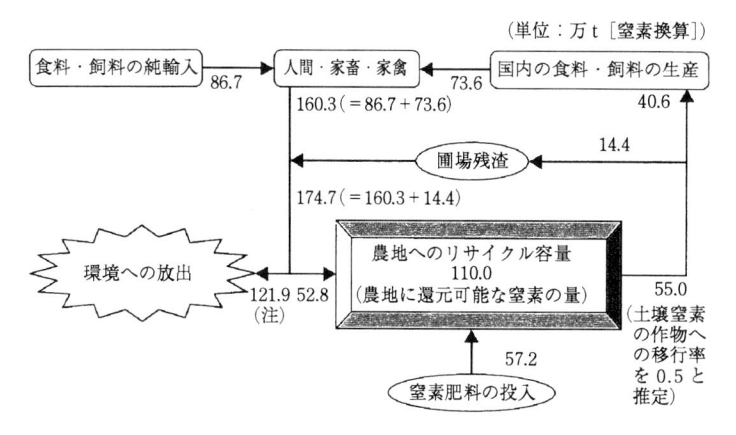

注）（有機物 174.7 ＋窒素肥料 57.2）－農地へのリサイクル容量 110.0 ＝環境への放出 121.9
図 5.7　日本における窒素の収支（足立恭一郎：食農同源、コモンズ、2003 年より転載）

れを図 5.7 に示してみる；農業に使用された化学肥料の窒素が 57 万トン、水産物として水揚げされた窒素が 26 万トン、海外から輸入する食料に含まれている窒素が年間約 87 万トン、それに国内農作物に含まれている窒素が 74 万トンが加わって国土に持ち込まれている。これらの窒素は農業、畜産業とわれわれの食生活を経由して屎尿、雑排水、家畜糞尿、農水産廃棄物、農地への残留などに変わる。約 187 万トンの窒素のうちで、50 万トンぐらいは農地に還流しているとみるならば、残り 120 万トンは有機態の窒素として環境中に放出され、河川を汚し、生態系の世話になって無機態の窒素に戻されている。国内の農業による農産物、畜産物に含まれる窒素 74 万トンの 2 倍近い有機態窒素が国土で循環しているいう異常な状態になっている。われわれが食料として摂取しているタンパク態窒素は年間 64 万トンであるので、それを賄うために 2 倍もの窒素を動かしているともいえる。1960 年当時は輸入食料がまだ少なく、作付耕地も現在の 1.6 倍あったから、環境に放出される窒素は 36 万トンであった。

4. 農業によるリンの循環

　生命が誕生するまで、リンは主に無機のリン酸塩として地殻に 0.1％ ぐらいの濃度で存在していて、陸地の岩石が風化されると水に浸出され川から海に入り、海水のカルシウムと反応してリン酸カルシウムとなり大陸棚に堆積し、やがて地殻隆起により陸地にもどる循環を繰り返していた。一部はリン酸として水に溶けているが、リンは揮散性がないので炭素や窒素と違って大気圏へ循環することは極めて少ない。生物が誕生すると無機のリンを取り込み有機態のリンに変え、食物連鎖で有機リン同士の変換を行い、最後にその有機態リンを無機リンに戻すという生物による循環が加わったのである。

　陸上の生物体に含まれているリンは 26 億トンであり、生物は 1 年間に 2 億トンの無機リンを土壌から吸収して利用しているところへ、農業によりリン酸肥料として 0.14 億トンのリンが投入されるのであるから、農業によるリン循環は少い量とはいえない。リンの循環に大きな変化を与えたのはリン鉱石を採掘して肥料としたことと、食料として水揚げされる海産物に含まれているリンである。化学肥料の第 1 号は 19 世紀半ばに実用化された過リン酸石灰であった。

4. 農業によるリンの循環　（ 77 ）

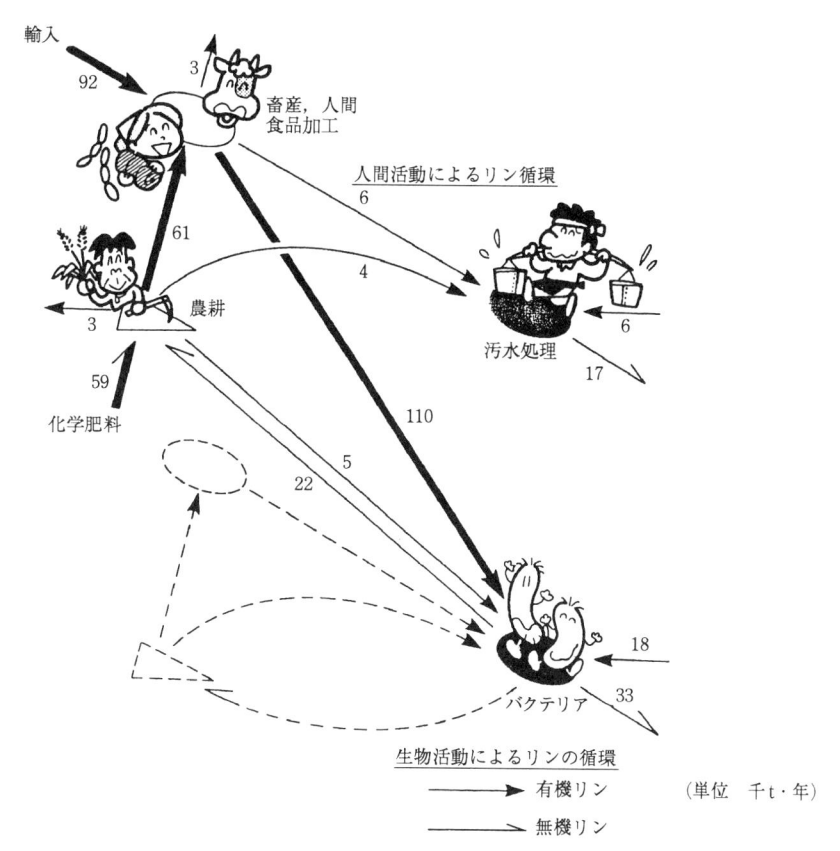

図 5.8　日本におけるリンの循環
（水谷　広著：地球とうまくつきあう話、共立出版、1987年より転載）

　日本での人為的なリンの収支を図 5.8 に示してみる。食料として国内に輸入される有機態リン、肥料として使用される無機リン、国内で農作物として収穫される有機態リンは合計 15.3 万トンになると推定されている。そして家畜や人間から排泄物として放出される 11 万トンの有機態リンを生態系によって無機化してもらっているのである。田畑に撒かれたリン酸肥料は大部分がそのまま土壌に吸着、蓄積されてしまうことが多く、現在のペースでリン酸肥料を使用していると数十年で世界のリン鉱石が枯渇するともみられる。農業廃棄物や下水処理から出る活性汚泥などのリン資源を堆肥としてリサイクルすること、

堆厩肥を施用して土壌中のリンの可溶化を促進することが必要である。

５．農業に欠かせない水資源とその汚染

　農業には大量の水が必要である。作物は葉からの蒸散による水の移動に伴って根から養分を吸収し、組織細胞を維持し、植物体の温度上昇を防ぐ。作物を乾物換算で１グラム生産するのに必要な蒸散量を要水量と言っているが、200〜1000グラム必要である。だから１ヘクタールの農地で小麦を栽培して４トンを収穫するのには3000トンの水が必要であり、稲を栽培するとなればさらに多く4000〜5000トンの水を必要とする。人間１人が１年間に消費する穀物を300キログラムとすると、その栽培には300トン以上の水を必要とする計算になる。過去40年間に食料を増産するため灌漑面積を２倍に増やし、世界の耕地の約17％、２億5000万ヘクタールの灌漑地で穀物生産量の３分の１以上を生産している。農業は河川、湖沼、地下水などの水資源の最も多く、65％を使用しているのである、

　地球は水の惑星と呼ばれていて、海洋、湖沼、河川から蒸散した水は水蒸気となって移動し、降雨により地表に降下する。そして地中に浸透し、湧出し、河川となって再び海洋に注がれ、地球を循環しているのである。しかし、われわれが利用できる湖沼、河川、地下水などの淡水資源は地球に存在する水の僅か0.8％程度、9000立方キロメートルに過ぎない。１人１年間に必要な淡水資源は1000トンといわれているから、地球上には100億人ぐらいの需要に足りる淡水資源があるわけであるが、分布と需要が偏っているために慢性的な水不足に悩んでいる人々が26カ国、２億5000万人もいる。現在世界で不足している水の量は約1600億トンと推定されているが、穀物１トンの生産に必要な水を1000トンとして計算すると、５億3000万人を養う１億6000万トン分の穀物を生産できる水に相当する。

　水資源の少ない乾燥、あるいは半乾燥地帯で人口増加に見合った農地の拡大をしようと思えば灌漑をする以外に方法はない。中央アジアのアラル海では沿岸の砂漠を灌漑するために流入河川より大規模に取水した結果、湖面が半分に縮小し、塩分濃度が高くなった湖には魚が住めなくなってしまった。乾燥地帯では水が地下深く浸透しないので、灌漑された水は浅層地下水となって地下水位を押し上げるから、塩分濃度の高い地下水が毛管上昇して地表に達し、強い

日射で塩分を残して蒸散することになる。塩類集積と呼ばれるこの現象により2億5000万ヘクタールといわれる灌漑農地のうちで、毎年100～200万ヘクタールが生産性を失って放棄されている。インド、アメリカ、パキスタン、バングラデシュ、ロシアなどでは総灌漑地の約30％が塩汚染地域となっている。

国土庁がまとめたわが国の水の年間収支は、農業用水が590億トン、生活用水が164億トン、工業用水としての利用が138億トンであり、合計すれば利用可能な淡水資源の3分の1になる。農業用水としての利用が3分の2を占めているので、産業用、民生用の水需要が増えてくると農業用水との競合が生じる。日本の年間降雨量は1600～1800 mmと豊富であり、蒸散量を差し引いた淡水資源は4200億トンあるが、人口が多いため1人当たりにすると3353トンになり諸外国に比べて豊富なものでない。降雨は主に梅雨と台風シーズンに集中し、急峻な地形を流れ下る。森林と水田はこの降雨を河川に一度に流さずに保水し、そして地下水として貯留するので水資源の有効活用に役立っている。全国280万ヘクタールの水田に年間100日水を張るとするとその湛水量は実に76億トンに達し、全国に2600以上あるダムの総貯水量、200億トン（有効貯水量は115億トン）の3分の1に相当するのである。水田は雨水の遊水地であり、治水ダムでもあって、上流域から下流域へと繰り返し湛水して使うから、都市用水のように使い捨てるのとは意味が違う。わが国の水田と畑の水資源涵養機能を評価すると年間7634億円にもなるという試算がある。

農業は大量の水を使用すると共にまた大量の排水を出している。つまり農地から排出される硝酸態窒素やリン、家畜糞尿の排出、下水道が整備されていない農村の生活廃水により水質汚染が生じる。しかもこれらの農業排水は広い地域にわたり大量、低濃度で排出されるので、工業排水のように集中的に浄化することができにくい。耕地に肥料として投与された窒素、リン、カリウムは少なくても数パーセントが河川、湖沼に流出する。そのために、多量の施肥をした地域では河川が富栄養化して、灌漑水に使用すれば作物を徒長させたり、藻類などが異常繁殖して水の華や赤潮となり異臭を呈するなど多くの問題を生じる。特に大量の窒素肥料を施用したり、畜産糞尿を廃棄したりすると地下水、井戸水の硝酸態窒素の汚染を引き起こす。1991年に農林水産省が行った農業用地下水の水質調査によると、全国182地点の井戸水の内、硝酸態窒素が環境基準10 mg/lを超える地点が15％あり、2001年度の環境省調査でも6％の

井戸で硝酸含量が環境基準を超えていた。

　わが国で1年間に排出される家畜糞尿の総量は約9400万トンと推定されていて、肥料成分に換算すると窒素で83万トン、リン酸で39万トン、カリで58万トンになる。窒素については500万ヘクタールの農地に撒くとすればヘクタール当たり166キログラムにもなり、化学肥料として投入されている量より多くなる。酪農経営が大規模化して平均飼育頭数が50頭を超えているから、それらを堆厩肥として施用するのに自家農地では足りなくなり、野ざらし投棄されて、悪臭や水質汚染を招くことが多い。1頭の排泄物は人間なら50人分に相当するのである。そのため、家畜糞尿は産業廃棄物として畜産農家に処理責任が負わされているが、産出地域が局在しているため処理が困難である。積極的に作物農家と酪農家との耕畜提携を進めて窒素汚染を防がなければならない。

6．農薬による環境汚染

　農薬は化学肥料と共に20世紀後半の食料増産に欠かせないものであった。世界的にみて殺虫剤、殺菌剤、除草剤などの農薬の使用がなければ、収穫は30％も少なくなると推定されている。わが国の例を述べれば、稲が実りを迎えるとウンカが襲来して「つぼ枯れ」になり、収穫が激減する苦しみから農家を救ったのは戦後に導入されたウンカ退治の殺虫剤であるパラチオン、DDT、

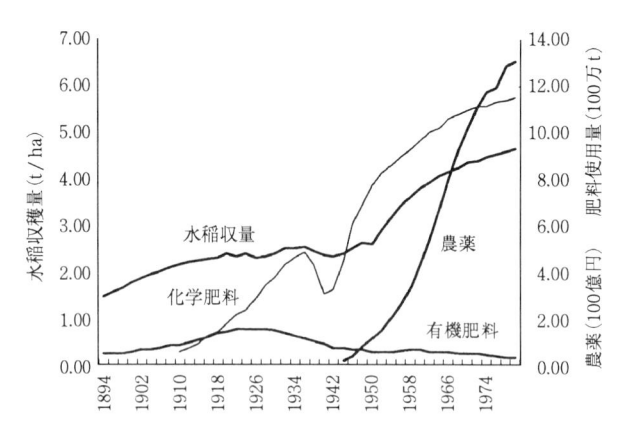

図5.9　日本における農薬と化学肥料の使用と水稲収量の増加
（安藤順平著：環境とエネルギー、東京化学同人、1995年より転載）

BHCなどであった。また低温、高湿の年にしばしば発生して米の収穫がゼロになるような大被害をもたらしたイモチ病を防除したのは、酢酸フェニール水銀などの有機水銀系の殺菌剤であった。夏季の水田での除草作業は大変な労力を必要とし、10アール当たり51時間の労働時間を必要としていたが、2,4-D、PCPなど除草剤を使用してからは僅か4時間で済むようになったのである。戦後、需要が急増した食料を生産するために、農薬は化学肥料と共に欠かすことの出来ないものであり、そのため使用量は急増して1975年ごろにピークに達した。

　これら初期の農薬は人畜に対する急性毒性も強く、農薬散布に従事する農家の人々が中毒症状を呈したり、収穫物に多量に残留して健康障害をもたらすことも多かった。その上、田畑に散布された農薬は大気、水、土壌を汚染し、昆虫、鳥、魚など野生の生態系に深刻なダメージを与えたのである。この農薬による環境汚染を調査してその恐ろしさに警鐘を鳴らしたのが1962年に刊行されたレイチェル・カーソンの著書「サイレント　スプリング」であった。カーソンの著書は当時のアメリカ大統領、ケネディを動かして環境保護庁を設立させ、DDTやBHCなど残留性の高い農薬や急性毒性の強いリン剤などの製造、販売、使用を中止させる原動力となった。

　その後、農薬は人畜毒性が極めて低く、環境残留性も少ないものに順次置き換えられ、その上で動物実験に基づいて1日摂取許容量を定め、食事を通しての摂取がそれを越さないように作物ごとに農薬の残留基準量と安全使用基準が定められている。今や、農作物に農薬が残留することはないか、あっても痕跡量となり、われわれが食品から摂取する限りでは安全性が保証されたかに思われていたことは第2章「食品の安全性」で詳しく述べた。

　わが国の農薬使用量は1980年ごろの70万トンから減少しつづけて最近では35万トンぐらいになっているが、それでもヘクタール当たりの農薬の散布量は12キログラムと欧米の数倍もある。環境中に放出された農薬は減少はしたといっても依然として土壌、地下水、河川、大気を汚染し続けている。特に塩素系の農薬は残留期間が長いので野生生物に作用しつづけ、あるいは食物連鎖による生物濃縮で毒性を強め、人体に摂取されれば母乳の脂肪に濃縮されるなど、生態系と人体に悪影響を及ぼしているのである。クマタカ、ハヤブサ、ツキノワグマ、ニホンザルなどからは製造禁止後22年を経たPCBが安全基準

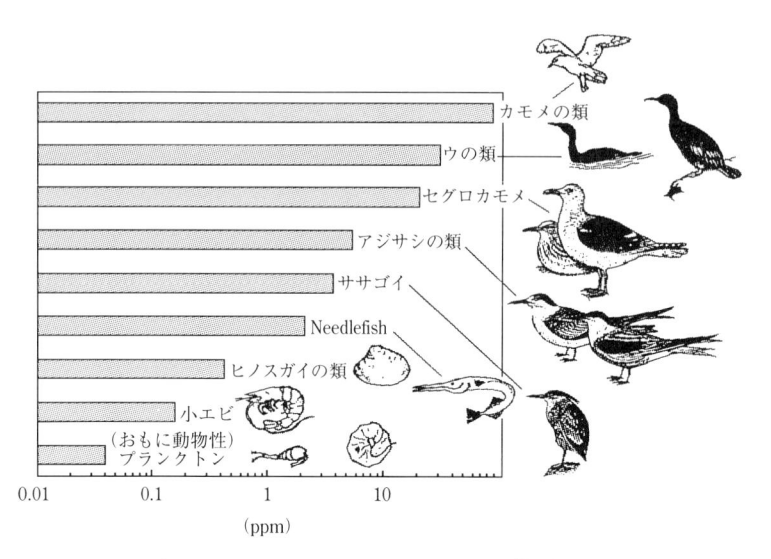

第5章　農業も環境を傷つけている

図中ラベル（濃度の低い順→高い順）：
（おもに動物性）プランクトン
小エビ
ヒノスガイの類
Needlefish
ササゴイ
アジサシの類
セグロカモメ
ウの類
カモメの類

横軸：0.01　0.1　1　10　（ppm）

沼の水に 0.00005 ppm あった DDT がカモメでは 75 ppm と 100 万倍に濃縮された
（資料：G.M.Woodwell ら、Science. 1967）

図 5.10　DDT 残留濃度と生物濃縮（栗原紀夫著：豊かさと環境、化学同人、1997年より転載）

値を超えた濃度に生物濃縮されて検出される。30〜40年前に散布したエンドリンが土壌に残留していて、そこでハウス栽培したキュウリに検出された例もある。

その上、最近では有機塩素系の農薬とその分解物には、超微量でも内分泌撹乱物質、環境ホルモンとしての作用があると疑われるようになった。先進国ではとっくに使用禁止になった DDT や BHC なども熱帯諸国やアジアにはいまだに使用されているところがあり、それらが季節風に乗って全世界の大気と海洋を汚染している。DDT の半減期は 100 年とも言われるから環境汚染は容易に減少しない。わが国でも、1960年代から80年までに大量に水田に散布していた除草剤に混入していたダイオキシンは約 460 キログラムにもなり、現在、焼却炉などから排出されているダイオキシンに比べれば 270 年分にも相当するという。1996年、アメリカの生物学者、ティオ・コルボーンらは野生生物に観察される生殖生態異常が DDT、PCB やダイオキシンなど有機塩素系化合物による内分泌撹乱によるのではないかと推論し、著書「奪われし未来」によっ

てこのような内分泌撹乱物質の危険性を新しい環境問題として提起した。1997年、環境庁が内分泌撹乱物質であるとしてとりあえず認定した67化合物の3分の2は既に使用されなくなった農薬であった。内分泌撹乱物質は汚染濃度が10億分の1あるいは1兆分の1という極めて低いレベルで作用し、閾値や環境基準も決めにくいというから厄介である。

第6章　日本の水は大丈夫か

1．日本の水資源とその汚染

　水は生命を維持し、生活と社会活動を営むのに必要、不可欠の資源であって、良い水を十分に確保することは重要である。淡水資源は地球上に存在する水の僅か0.8％に過ぎず、そのうち、われわれが利用できるのは9000立方キロメートルであるのに、世界の水需要は5000立方キロメートルになろうとしている。現在でも1人当たり年間に利用できる淡水資源が1000トン、1日当たり2740リットルを下回り、慢性的な水不足になっている人が2億5000万人もいて、安全な飲料水が入手できない途上国人口は14億人以上もある。21世紀を通じて世界の水の総需要は10倍になったから、今後人口が増加し、都市化と工業化が進むにつれて水資源の確保はさらに窮屈になる。国連が最近にまとめた淡水資源に関する報告書によると、人口増加に伴う水の需要の増加のほかに、水質汚染、地球温暖化の影響も加わるので、2050年には世界89億人の人口のうち、60カ国、70億人が深刻な水不足に直面するという。

　日本の年平均降水総量は6500億トンであるが、降水量から蒸散量を差し引いた年平均水資源賦存量は4200億トン、人口1人当たり3353トンと推定されていて、人口が多いために諸外国に比べ決して豊富とはいえない。しかも急流河川が多いため雨水の多くは短時間で海洋へと流れてしまうので、実際に利用可能な水量は3200億トンぐらいと推定されている。

　1998年度の水資源白書によると、年間の水の利用総量は約900億トンで、その内訳は農業用水として586億トン、生活用水として165億トン、工業用水として138億トンが使用されている。農業用水、生活用水、工業用水の水源として利用される河川、湖沼、地下水は、1950年代半ばから鉱工業の発展と都市への人口集中に伴い、工場、事業所などから排出される産業排水と生活排水が

1. 日本の水資源とその汚染　（ 85 ）

表6.1　水質汚濁防止法による排水基準

一律排水基準と上乗せ排水基準 (mg/l)

	水質項目	一律排水基準	兵庫県条例	
健康項目	カドミウム	0.1	0.05[*1]	0.03[*2]
	シアン	1	0.7	0.3
	有機リン	1	0.7	0.3
	鉛	0.1	—	—
	6価クロム	0.5	0.35	0.1
	ヒ素	0.1	—	0.05
	総水銀	0.005	—	—
	アルキル水銀	検出されないこと	—	—
	PCB	0.003	—	—
	トリクロロエチレン	0.3		
	テトラクロロエチレン	0.1		
	ジクロロメタン	0.2		
	四塩化炭素	0.02		
	1,2-ジクロロエタン	0.04		
	シス-1,2-ジクロロエチレン	0.4		
	1,1,1-トリクロロエタン	3		
	1,1,2-トリクロロエタン	0.06		
	1,3-ジクロロプロペン	0.02		
	チウラム	0.06		
	シマジン	0.03		
	チオベンカルブ	0.2		
	ベンゼン	0.1		
	セレン	0.1		
生活環境項目	pH	5.8〜8.6 (海域5.0〜9.0)	5.8〜8.6[*1]	
	BOD	160 (日間平均 120)	10 (5) 〜160 (120)	
	COD	160 (日間平均 120)	10 (5) 〜160 (120)	
	SS	200 (日間平均 150)	30 (25) 〜200 (150)	
	鉱油類	5	1〜4	
	動植物油脂類	30	7〜20	
	フェノール類	5	1〜5	
	銅	3	—	
	亜鉛	3	—	
	溶解性鉄	10	3〜10	
	溶解性マンガン	10	—	
	クロム	2	—	
	フッ素	15	—	
	大腸菌群数	日間平均3000個/l	—	
	窒素	120 (日間平均 60)		
	リン	16 (日間平均　8)		

[*1] 既設事業場
[*2] その他のもの

第6章　日本の水は大丈夫か

大きな原因になって汚れが増し、水質汚濁による公害問題が各地で頻発した。そこで1958年にまず工場排水規制法が制定され、その後、1970年には水質汚濁防止法が施行され工場施設、特定事業場から公共用水域に排出する排水には汚染物質の許容濃度限度が定められた（表6.1参照）。これより事業者の負担により本格的な産業排水の浄化処理が始ったのである。全国一律の排水基準に加えて地方自治体の「上乗せ基準」を設けるなど、自治体、産業界、一般市民が一体になって河川、湖沼、海域の水質の保全に取り組んだ。その結果、1980年頃になると産業排水による水質汚染は急速に改善されてきた。一例として多摩川流域における水質汚染の改善経過を示しておく。

有機物による水の汚染の度合いを示す指標がBOD（生物化学的酸素要求量）である。河川に流れ込んだ有機物質が好気性微生物により炭酸ガスと水に分解されるとき、消費される溶存酸素濃度（BOD mg/l）を測って「水質を汚染している有機物量」とするのである。工場排水の場合にはBODでは測定できない有機物も多いので、過マンガン酸カリで酸化して、消費された過マンガン酸カリの酸素量（mg/l）をCOD（化学的酸素要求量）として併用する。通常河川の

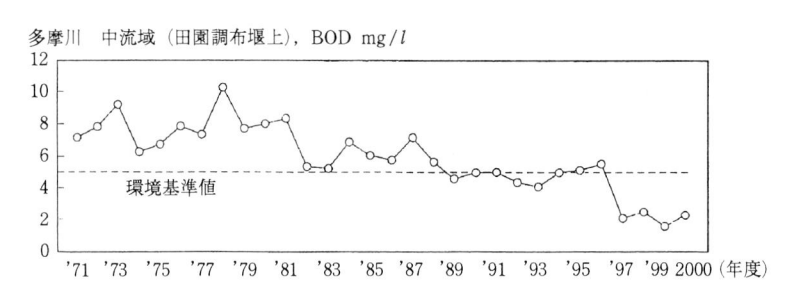

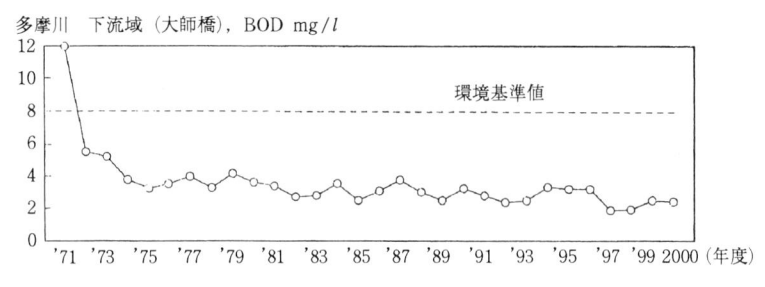

注）2001年度より両地点の環境基準は3 mg/l以下に改正された

図6.1　多摩川における水質汚染（BOD）の経年変化（東京都環境局、2002）

水質はBODにより、工場排水が多く流入する下流の湖と海の水質はCODで規制されている。河川のBODが6〜7 mg/lを超えると、有機物が溶存酸素をすべて消費してしまうので魚が住めなくなる。図6.1に示すようにBODが改善されると多摩川に魚が戻ってきたのである。

1993年に環境基本法が成立すると、公共用水域の水質環境基準として、人の健康保護のために有害な水銀、カドミウム、シアンなど26項目と生活環境を悪

表6.2 人の健康の保護に関する水質環境基準と1999年度の達成状況

項目	基準値	調査対象地点数	環境基準値を超える地点数
カドミウム	0.01 mg/l以下	4,877	0 (0)
全シアン	検出されないこと	4,308	0 (1)
鉛	0.01 mg/l以下	4,964	7 (7)
六価クロム	0.05 mg/l以下	4,478	0 (0)
ヒ素	0.01 mg/l以下	4,883	22 (18)
総水銀	0.0005 mg/l以下	4,731	0 (0)
アルキル水銀	検出されないこと	1,791	0 (0)
PCB	検出されないこと	2,464	0 (0)
ジクロロメタン	0.02 mg/l以下	3,770	3 (1)
四塩化炭素	0.002 mg/l以下	3,801	0 (0)
1,2－ジクロロエタン	0.004 mg/l以下	3,754	1 (1)
1,1－ジクロロエチレン	0.02 mg/l以下	3,742	0 (0)
シス－1,2－ジクロロエチレン	0.04 mg/l以下	3,742	0 (0)
1,1,1－トリクロロエタン	1 mg/l以下	3,837	0 (0)
1,1,2－トリクロロエタン	0.006 mg/l以下	3,743	0 (0)
トリクロロエチレン	0.03 mg/l以下	3,954	0 (1)
テトラクロロエチレン	0.01 mg/l以下	3,949	0 (1)
1,3－ジクロロプロペン	0.002 mg/l以下	3,804	0 (0)
チウラム	0.006 mg/l以下	3,718	0 (0)
シマジン	0.003 mg/l以下	3,734	0 (0)
チオベンカルブ	0.02 mg/l以下	3,730	0 (0)
ベンゼン	0.01 mg/l以下	3,713	0 (1)
セレン	0.01 mg/l以下	3,646	0 (0)
硝酸性窒素及び亜硝酸性窒素	10 mg/l以下	3,003	4 (－)
フッ素	0.08 mg/l以下	2,259	11 (－)
ホウ素	1 mg/l以下	1,861	1 (－)
合計（実地点数）		5,889	47
環境基準達成率			99.2 %

注）（ ）は1998年度
資料：環境省　平成13年版環境白書

第6章 日本の水は大丈夫か

化させる汚濁有機物(pH、BOD、COD、SS 浮遊物量、溶存酸素量、大腸菌群)について改善目標濃度が定められた。人の健康保護のための環境基準は全国一律であるが、生活環境を保全するための環境基準は河川、湖沼、海域ごとに設定されている。2000年度において、健康保護に関する26項目の基準達成度は99.2％になっている。しかし、生活環境保全項目である有機質汚濁については、下水道整備など生活排水対策の改善が遅れているため、生活排水が流入する都市部の中小河川や、集水域が都市化している湖沼などでいまだに環境基準に達していない。大都市周辺の河川の水質汚濁ワーストワンは、1988年度で千葉県春木川の BOD 44 mg/l、1993年で兵庫県揖保川の 29 mg/l であった。

1974年当時の河川、湖沼、海域全体での BOD 基準達成率は53％と低かっ

表6.3 生活環境の保全に関する水質環境基準

水域	類型	用途の適応性	pH範囲	BOD mg/l 以下	COD mg/l 以下	浮遊物質 mg/l 以下	溶存酸素 mg/l 以上	大腸菌群 MPN 100 ml 以下
河川	AA	探勝、飲料	6.5〜8.5	1	−	25	7.5	50
	A	水道2級	6.5〜8.5	2	−	25	7.5	1000
	B	水道3級	6.5〜8.5	3	−	25	5	5000
	C	工業用1級	6.5〜8.5	5	−	50	5	−
	D	農業用	6.5〜8.5	8	−	100	2	−
	E	市内水辺	6.5〜8.5	10	−	不検出	2	−
湖沼*	AA	探勝、飲料	6.5〜8.5	−	1	1	7.5	50
	A	水道2級	6.5〜8.5	−	3	5	7.5	1000
	B	水道3級	6.5〜8.5	−	5	15	5	−
	C	工業用2級	6.5〜8.5	−	8	不検出	2	−
海域	A	水浴用	7.8〜8.3	−	2	−	7.5	1000
	B	水産用2級	7.8〜8.5	−	3	−	5	−
	C	市内水辺	7.0〜8.5	−	8	−	2	−

* 窒素、リンについても環境基準が設定されている。
海域A、Bはn-ヘキサン抽出物質不検出が条件。
水道1級：ろ過などによる簡易な浄水操作を行うもの、自然環境保全　適と同等。
水道2級：沈殿ろ過などによる通常の浄水操作を行うもの、水浴　適と同等。
水道3級：前処理などを伴う高度の浄水処理を行うもの、水産　適2級と同等。
工業用水1級：沈殿などによる通常の浄水処理を行うもの、水産3級と同等。
工業用水2級：薬品注入などによる高度の浄水操作を行うもの、農業用水　適。
工業用水3級：特殊な浄水操作を行うもの、環境保全　適(不快発生限度)と同等。
水産区分は省略

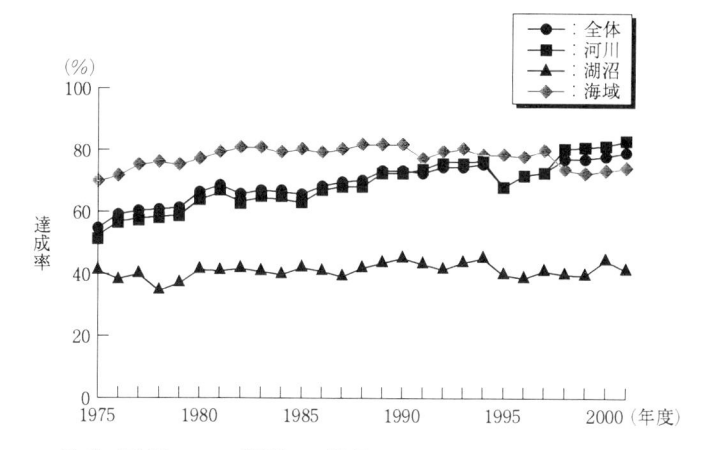

注1) 河川はBOD、湖沼および海域はCOD
注2) 達成率(%) = (達成水域数/あてはめ水域数) × 100

図6.2 有機質汚濁の環境基準達成率の推移（環境省：平成14年版環境白書より）

たが、2000年度になっても79.4％である。特に湖沼の水質改善は進まず、達成率は42％に過ぎない。また東京湾、伊勢湾、瀬戸内海など閉鎖性の内湾では、河川からの富栄養化物質や有機汚濁物質の流入による汚染が滞留して富栄養化が進行しやすい。そこで、これらの閉鎖水域に対して1日当たり50トン以上の排水を出す工場や事業所は排出する汚染物質をCOD換算総量で半減するよう総量規制が1978年に追加、導入されている。しかし富栄養化が原因となって植物プランクトンが異常発生する赤潮は一向に改善されていない。

このように、これまでの水質保全行政は河川、湖沼、沿岸域、および地下水を対象にして、水質汚濁防止に焦点を合わせて推進されてきた。今後は水質保全に限定することなく、水源の涵養、水量の確保、、水生生物など生態系の維持、水辺地の景観保全なども視野に入れて、健全な水環境の確保、回復に向けた取組みがなされようとしている。

2. 生活排水による水質汚染

生活排水とはし尿や台所、洗濯、風呂から排出される日常生活に伴う排水のことで、1人1日約200リットルある。日本全体で1人1日当たりの家庭用水使用量は1965年には169リットルであったのに、1999年には338リットル

第6章　日本の水は大丈夫か

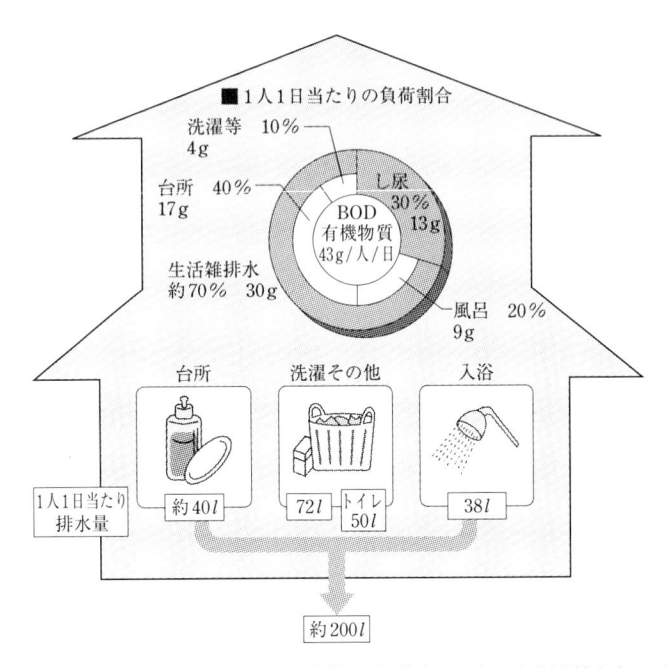

■1人1日当たりの負荷割合
- 洗濯等 10% 4g
- 台所 40% 17g
- 生活雑排水 約70% 30g
- し尿 30% 13g
- 風呂 20% 9g
- BOD 有機物質 43g/人/日

1人1日当たり排水量
- 台所 約40ℓ
- 洗濯その他 72ℓ
- トイレ 50ℓ
- 入浴 38ℓ
- 約200ℓ

図6.3　1日に排出する生活排水の有機物質（環境省：平成14年版環境白書より）

に倍増した。さらに公共施設や業務用に使用する水道水を加えると都市住民の水の使用量は1人1日当たり500リットルぐらいになる。家庭で1人が1日に生活排水として排出する有機物の量はBODに換算して43グラムであり、その30％がし尿に、70％が雑排水に含まれている。し尿を未処理のままで放流するのは禁止されていて、し尿浄化槽で個別に処理してから、あるいはし尿処理場、下水処理場に集めて集中処理してから放流する。しかし台所などの雑排水は下水道が完備している地域以外では未処理のままで河川や海洋に放流されるので、水質汚濁原因の70％にもなっている地域がある。下水道の普及率は1997年度全国平均で62％に過ぎない。産業排水による水質汚染がよく規制されて少なくなってきたこともあって、琵琶湖や霞ヶ浦、瀬戸内海や東京湾では生活排水による汚染が有機質汚染の5割を超える有様である。

　食生活に関連して台所から出てくる食べかすや調理排水などの有機物は1人1日当たり17グラムになり、生活排水中の有機物の40％を占める。したが

表 6.4　食品による水質の汚れを BOD 5 mg/l まで希釈するために必要な水量

食品	廃棄量	BOD (mg/l)	希釈に必要な水量
使用済み天ぷら油	500 ml	1,000,000	330 杯
味噌汁	200 ml	35,000	4.5 杯
ラーメンの汁	200 ml	25,000	3.5 杯
醤油	15 ml	150,000	1.5 杯
牛乳	180 ml	78,000	9.0 杯
日本酒	20 ml	200,000	2.5 杯
ビール	180 ml	70,000	8 杯
米のとぎ汁	2 l	3,000	4 杯

注）水量は容積 300 l の浴槽で何杯分かで表す。
出典：兵庫県保健環境部環境局水質課「川や水をより美しく」

って、そのまま流すと河川の汚濁の大きな原因になり、下水道が完備していても下水処理場で集中処理する処理エネルギーの負担が大きい。表 6.4 に示すように、使用済みの食用油 500 ミリリットルを希釈して魚が住めるよう BOD が 5 mg/l になるまで希釈するには約 20 万倍もの水を必要とする。使用済みの油はそのまま流さず、油吸収剤で固形に固めたり、紙や布に染み込ませて燃えるごみとするのがよい。また台所排水には水きり用の紙袋を使って細かい調理屑を流さないようにもしたい。こうした少しの注意、エコクッキングで台所から出る BOD が半減した市町村もある。

　また、食器洗いや入浴、洗濯に使用する合成洗剤の使用が国土の平地面積当たりにすると世界で最も多く、河川に流出する量も多い。そのため閉鎖系の内海、内湾、湖沼などでは合成洗剤による汚染が進み、魚毒性、水質汚染が問題になっている。かつて合成洗剤の主成分として使用されていた ABS（側鎖型アルキルベンゼンスルホン酸ナトリウム）は自然環境で分解されにくく、魚に対する毒性が強く催奇形性もあった。それに代わって現在使用されている界面活性剤も石鹸に比べるとヒメダカに対する魚毒性が 20〜100 倍強く、50 % 分解する日数も 2〜5 倍かかるから、環境への影響は 10〜300 倍強いとみられる。河川に流入した合成洗剤の濃度は数 ppm 以下ではあるがプランクトンが死滅したり、魚の孵化が遅れたり、小魚に奇形が発生したりする。生分解の早い石鹸や高級アルコール系、あるいは脂肪酸系の洗剤を使用するのがよい。なお、水の硬度を下げて泡立ちを良くするために洗剤に混ぜて使われていたリン酸塩

は水の富栄養化の原因となるので現在では殆ど使われていない。

3．飲用水は安全か

われわれの体には体重の3分の2に相当する水、例えば体重60キログラムなら40リットルの水が体内にある。そこに代謝活動を営み、老廃物を運び出

表6.5 水道水に関する水質基準【1993年改訂】(1)

◎ 健康に関連する項目（29項目）

	項目名	基準値	備考
1	一般細菌	100集落以下/ml	病原生物
2	大腸菌群	検出されないこと	
3	シアン	0.01 mg/l 以下	無機物質 重金属
4	水銀	0.0005 mg/l 以下	
5	鉛	0.05 mg/l 以下	
6	6価クロム	0.05 mg/l 以下	
7	カドミウム	0.01 mg/l 以下	
8	セレン	0.01 mg/l 以下	
9	ヒ素	0.01 mg/l 以下	
10	フッ素	0.08 mg/l 以下	
11	硝酸性窒素および亜硝酸性窒素	10 mg/l 以下	
12	トリクロロエチレン	0.03 mg/l 以下	一般有機化学物質
13	テトラクロロエチレン	0.01 mg/l 以下	
14	四塩化炭素	0.002 mg/l 以下	
15	1,1,2-トリクロロエタン	0.006 mg/l 以下	
16	1,2-ジクロロエタン	0.004 mg/l 以下	
17	1,1-ジクロロエチレン	0.02 mg/l 以下	
18	ジス-1,2-ジクロロエチレン	0.04 mg/l 以下	
19	ジクロロメタン	0.02 mg/l 以下	
20	ベンゼン	0.01 mg/l 以下	
21	総トリハロメタン	0.1 mg/l 以下	消毒副生成物
22	クロロホルム	0.06 mg/l 以下	
23	ブロモジクロロメタン	0.03 mg/l 以下	
24	ジブロモクロロメタン	0.1 mg/l 以下	
25	ブロモホルム	0.09 mg/l 以下	
26	チウラム	0.006 mg/l 以下	農薬
27	シマジン (CAT)	0.003 mg/l 以下	
28	チオベンカルブ (ベンチオカーブ)	0.02 mg/l 以下	
29	1,3-ジクロロプロペン (D-D)	0.002 mg/l 以下	

表6.5 水道水に関する水質基準【1993年改訂】(2)

◎ 水道水が有すべき性状に関連する項目（17項目）

	項目名	基準値	備考
1	塩素イオン	200 mg/l以下	味覚
2	有機物質（過マンガン酸カリウム消費量）	10 mg/l以下	
3	銅	1.0 mg/l以下	色
4	鉄	0.3 mg/l以下	
5	マンガン	0.05mg/l以下	
6	亜鉛	1.0 mg/l以下	
7	ナトリウム	200 mg/l以下	味覚
8	カルシウム、マグネシウムなど（硬度）	300 mg/l以下	
9	蒸発残留物	500 mg/l以下	
10	フェノール類	0.005 mg/l以下	におい
11	1,1,1－トリクロロエタン	0.3mg/l以下	
12	陰イオン界面活性剤	0.2mg/l以下	発泡
13	pH値	5.8以上8.6以下	基礎的性状
14	臭気	異常でないこと	
15	味	異常でないこと	
16	色度	5度以下	
17	濁度	2度以下	

して生命活動を維持するために1日に2.5リットルの水を補給し、ほぼ同量の水を尿、大便、呼気、汗として排出している。まる1日間、水を飲まないと体から約1リットルの水が失われて脱水症状を生じ、2、3日も続ければ死亡する。外部から補給している水は食物に含まれている水1リットルと、飲料水として飲む水1リットルである。1日2リットルとして1年で730リットル、80才まで生きるとすると約60トンもの水を摂取するわけであるから、水は最も多量にして最も重要な食料であるともいえる。そこで水道水に含まれていてはならない健康障害物質の水質基準値は毎日2リットルの水を70年間飲んでも安全な量に設定されている（表6.5参照）。

　飲料水として利用しているのは、水道水、井戸水、地下水、市販のミネラルウオーターなどである。上水道水の原水となる河川の水や地下水には、農薬、合成洗剤、病原菌、排泄物に含まれているアンモニアなどが溶け込んでいる。浄水場に取水した原水はごみを取り除き、次亜塩素酸を注入して有機物を分解し、凝集池でアンモニアを取り除き、凝集剤を加えて、ろ過池でろ過する。最

表6.5 水道水に関する水質基準【1993年改訂】(3)

快適水質項目 (13項目)

	項目名	基準値	備考
1	マンガン	0.01 mg/l 以下	色
2	アルミニウム	0.2 mg/l 以下	
3	残留塩素	1 mg/l 程度	
4	2-メチルイソボルネオール	粉末活性炭処理：0.00002 mg/l 以下 粒状活性炭等恒久施設：0.00001 mg/l 以下	におい
5	ジェオスミン	粉末活性炭処理：0.00002 mg/l 以下 粒状活性炭等恒久施設：0.00001 mg/l 以下	
6	臭気強度 (TON)	3 以下	
7	遊離炭酸	20 mg/l 以下	
8	有機物等（過マンガン酸カリウム消費量）	3 mg/l 以下	
9	カルシウム、マグネシウム等（硬度）	10 mg/l 以上 100 mg/l 以下	味覚
10	蒸発残留物	30 mg/l 以上 200 mg/l 以下	
11	濁度	給水栓で1度以下、送配水施設入口で0.1度以下	濁り
12	ランゲリア指数（腐食性）	－1程度以上とし、極力0に近づける	腐食
13	pH値	7.5程度	

後に殺菌のためもう一度塩素を注入し、遊離塩素が家庭の蛇口で0.1 ppm濃度以上に残留するようにして配水する。臭気やトリハロメタンを除去するには活性炭ろ過やオゾン処理などの「高度処理」がなされる。厚生省（現厚生労働省）は水道水に関する水質基準を表6.5に示すように94項目定めているが、2004年には新水質基準として浄水過程で生じる臭素酸、ホルムアルデヒド、洗剤に使われる非イオン界面活性剤など13項目を追加して、基準項目、50項目、管理目標設定項目、27項目と環境ホルモンなど要検討項目、40項目に改める予定である。また環境ホルモンとしても疑われる農薬101種類を一まとめにして要管理目標項目に入れ、総量規制することになっている。

3. 飲用水は安全か

表 6.5 水道水に関する水質基準【1993年改訂】(4)

監視項目（26項目）

	項目名	基準値	備考
1	トランス-1,2-ジクロロエチレン	0.04 mg/l 以下	一般有機化学物質
2	トルエン	0.6 mg/l 以下	
3	キシレン	0.4 mg/l 以下	
4	p-ジクロロベンゼン	0.3 mg/l 以下	
5	1,2-ジクロロプロパン	0.06 mg/l 以下	
6	フタル酸ジエチルヘキシル	0.06 mg/l 以下	
7	ニッケル	0.01 mg/l 以下	無機物質・重金属
8	アンチモン	0.002 mg/l 以下	
9	ホウ素	0.2 mg/l 以下	
10	モリブデン	0.07 mg/l 以下	
11	ホルムアルデヒド	0.08 mg/l 以下	消毒副生成物
12	ジクロロ酢酸	0.04 mg/l 以下	
13	トリクロロ酢酸	0.3 mg/l 以下	
14	ジクロロアセトニトリル	0.08 mg/l 以下	
15	抱水クロラール	0.03 mg/l 以下	
16	イソキサチオン	0.008 mg/l 以下	農薬
17	ダイアジノン	0.005 mg/l 以下	
18	フェニトロチオン (MEP)	0.003 mg/l 以下	
19	イソプロチオラン	0.04 mg/l 以下	
20	クロロタロニル (TPN)	0.04 mg/l 以下	
21	プロピザミド	0.008 mg/l 以下	
22	ジクロルボス (DDVP)	0.01 mg/l 以下	
23	フェノブカルブ (BPMC)	0.02 mg/l 以下	
24	クロルニトロフェン (CNP)	0.005 mg/l 以下	
25	イプロベンホス (IBP)	0.008 mg/l 以下	
26	EPN	0.006 mg/l 以下	

　水道法によって蛇口の塩素濃度は病原菌を殺菌するのに足りる 0.1 ppm 以上であることが定められている。塩素はアンモニアの含有量の 10 倍量を注入するのが通常であるが、原水が生活排水などで汚れている場合にはアンモニアの含量が多いので、注入塩素量も多くなる。すると原水中に含まれていたフミン物質や親水性酸などが塩素と化合して種々の有機塩素化合物が生じるが、その約 20% がトリハロメタンである。トリハロメタンはメタンの四つの水素のうち三つが塩素または臭素で置き換わった化合物であり、発ガン性、催奇形性が

あるので、わが国の水道水の水質基準ではトリハロメタンの含量を0.1 ppm以下（100 ppb以下）としている。1994年、都市の水道水のトリハロメタン含量を調べてみたところ、数十ppbのところが多く水道水としての基準は満たしているが、WHOのガイドラインの30 ppbに近いところもあった。

　大都市の水道水にはトリハロメタン以外にも変異原性物質が増えている。エイムス試験で1リットル当たり突然変異コロニーが3000個以上に達するほどに変異原性物質の多い水道水は、汚染の進んだ川や湖を水源にしている東京、千葉、埼玉、大阪、兵庫、福岡の水道であり、長野、岐阜のように地下水を水源にしているところでは変異原性がなかった。原水には変異原性がないにもかかわらず、浄水場で塩素処理をすると変異原性物質が増えるのは、塩素処理によって有機ハロゲン化合物が増えるためらしい。トリハロメタンや変異原性物質は浄水場で活性炭処理をすれば3分の1に減り、家庭でも水道水を約5分間煮沸するだけで90％以上が除去できる。

　水道配管に鉛管が使われている家庭が全国で850万世帯ある。鉛管からは鉛が溶出し、胃腸障害などを生じるので、水道水の水質基準では0.05 mg/l以下であったのを2003年より0.01 mg以下に改めている。朝一番に流す水がこの基準値を超えている家庭が神奈川県では13％ある。最初のバケツ1杯分ぐらいを捨てるのがよい。

　大都市の水道水は水質が悪くなり、臭気があったりして美味しくないというのでミネラルウォーターの消費が増えている。国産と輸入品をあわせて最近では150万キロリットルにもなり、1人当たりにすると年間11リットルである。しかもその20％はフランスなどからの輸入であるから輸送にかかったエネルギーも莫大で、価格も2リットルで200円と水道水の1000倍、ガソリンやジュースと同じ価格である。ミネラルウオーターは水質汚染のない地下水源などから取水されたものが多く、ミネラルに富んでいると考えられているが、必ずしもそうでない。美味しい水は1リットル中に50〜100ミリグラム程度のミネラルを含んでいるというが、ミネラルウオーターは国産で60ミリグラム、輸入品で250ミリグラムぐらいである。通常、採取した原水を沈殿、ろ過しただけでそのまま壜詰めするのであるが、日本では加熱殺菌をすることになっている。輸入のミネラルウオーターは殺菌されていないから細菌を含んでいることがある。

4. 地下水の汚染

地下水は飲料水、生活用水のほか、工業用水、農業用水、水産物の養殖などにも使用されていて、全国の水使用量の約1/6を供給している。上水道を通じて約3000万人の飲料水となり、200万戸の家庭では直接飲料水に使用されている。工業用水、農業用水などの産業用水にはコストの安い地下水を汲み上げて使用することが多く、大量に汲み上げたため地盤沈下を来たした例も多い。

表6.6 2000年度 地下水質の測定結果

物質	調査数(本)	超過数(本)	超過率(%)	環境基準
カドミウム	2,997	0	0.0	0.01 mg/l 以下
全シアン	2,616	0	0.0	検出されないこと
鉛	3,360	10	0.3	0.01 mg/l 以下
六価クロム	3,187	1	0.03	0.05 mg/l 以下
ヒ素	3,386	65	1.9	0.01 mg/l 以下
総水銀	2,833	2	0.1	0.0005 mg/l 以下
アルキル水銀	1,048	0	0.0	検出されないこと
PCB	1,818	0	0.0	検出されないこと
ジクロロメタン	3,534	0	0.0	0.02 mg/l 以下
四塩化炭素	3,675	2	0.1	0.002 mg/l 以下
1,2-ジクロロエタン	3,301	0	0.0	0.004 mg/l 以下
1,1-ジクロロエチレン	3,650	2	0.1	0.02 mg/l 以下
シス-1,2-ジクロロエチレン	3,657	12	0.3	0.04 mg/L 以下
1,1,1-トリクロロエタン	4,219	0	0.0	1 mg/l 以下
1,1,2-トリクロロエタン	3,286	0	0.0	0.006 mg/l 以下
トリクロロエチレン	4,225	22	0.5	0.03 mg/l 以下
テトラクロロエチレン	4,225	17	0.4	0.01 mg/l 以下
1,3-ジクロロプロペン	3,039	0	0.0	0.002 mg/l 以下
チウラム	2,528	0	0.0	0.006 mg/l 以下
シマジン	2,508	0	0.0	0.003 mg/l 以下
チオベンカルブ	2,453	0	0.0	0.02 mg/l 以下
ベンゼン	3,436	0	0.0	0.01 mg/l 以下
セレン	2,634	0	0.0	0.01 mg/l 以下
硝酸性窒素および亜硝酸性窒素	4,167	253	6.1	10 mg/l 以下
フッ素	3,276	25	0.8	0.8 mg/l 以下
ホウ素	3,210	16	0.5	1.0 mg/l 以下
合計（井戸実数）	4,911	398	8.1	

出典：環境省『2000年度地下水質測定結果について』

地下水とは地下の岩石の割れ目や空洞、または地層の隙間を満たしている水のことであり、地層の隙間を通ってろ過されながらゆっくりと移動している。地下水は比較的にきれいな水であるとされていたが、近年では工場排水が漏出したり、捨てられた産業廃棄物に含まれていた有機溶剤や重金属などが地下に浸透して汚染する事故が相次いでいる。

日本の水道の 1/4 は地下水を水源としているので、地下水の汚染は水道水の汚染に繋がることがある。地下水汚染で大きな問題になっているのはトリクロロエチレン、テトラクロロエチレン、トリクロロエタンなど発ガン性がある有機塩素系の溶剤である。これら溶剤がタンクや下水管から漏出したり、工場敷地内に投棄されたりすると地下に浸透するのである。深層の地下水は1日に数センチメートルから数十センチメートルしか移動しないので一度汚染してしまうと長い時間回復しない。1999年に実施された5199本の井戸水の汚染調査では、これら溶剤の汚染が水質汚濁に関する地下水の環境基準を超えている293例が発見されている。

地下水の硝酸態窒素汚染は化学肥料による環境汚染の象徴ともいえる。わが国の窒素肥料の平均投入量はヘクタール当たり、窒素 255 キログラムであり、オランダ、韓国、ベルギーに次ぐ著しい高水準である。しかもその 60 % は無機化学肥料として施肥されているために、作物への利用率が悪く、その半分は硝酸性窒素となり雨水によって土壌から溶脱されて地下水を汚染する。また、厩堆肥を多量に施肥したり、農地に野ざらし貯留したり、投棄したりすると硝酸態窒素が溶脱して地下水を汚染させる。生活排水によっても硝酸態窒素の地下水汚染は生じる。

地下水や新鮮野菜中の硝酸塩を多量に摂取すると亜硝酸塩に還元されて血液中のヘモグロビンと結合し、酸素を運ぶ能力が低下して貧血症状となるメトヘモグロビン血症が起きる。牛などの反芻動物における亜硝酸中毒や人間の乳児の顔色が青くなるブルーベビー症がそれである。また硝酸塩はアミンと反応して発ガン性のあるニトロソアミンになることもある。そのため水道水の硝酸態窒素は早くから 10 mg/l 以下であるよう定められていて、1993年からは河川水の環境基準でも 10 mg/l を超えないよう定められた。1991 年に農林水産省が行った農業用地下水の水質調査では全国 182 地点の井戸水のうち硝酸態窒素が 10 mg/l を超える地点は 15 % もあり、2001 年に行われた環境省調査で

も5.8％の井戸が環境基準値を超えていた。

　地下水の汚染だけが原因ではないかもしれないが、明治時代、足尾銅山から渡良瀬川へ流れこんだ排水は流域の農地に銅による汚染を引き起こし稲の生育障害をもたらした。1954年から58年にかけて発生した水俣病は水俣湾に放流された工場排水によるメチル水銀中毒であり、イタイイタイ病は神岡鉱山の精錬排水が神通川流域に引き起こしたカドミウム中毒であり、どちらも地下水、河川、海洋、土壌、を汚染した重金属が魚介類や農作物に濃縮され、それを食したために生じた公害病である。それ以来、重金属を扱う工場の排水の重金属含量は水道水の水質基準に定められた重金属含量の10倍以内になるように規制されている。土壌の汚染基準を超えてカドミウム、銅やヒ素が検出される農地は全国に7217ヘクタールある。このうち、玄米に1 ppm以上のカドミウムが混入する恐れのある汚染水田、6675ヘクタールでは、汚染土壌を取り除く修復が行われている。

　また食品工業や水耕栽培などで使用する地下水が人や家畜の糞便に由来する大腸菌O 157菌、サルモネラ菌、原虫のクリプトスポリジウムなどで汚染されていると、漬物や豆腐、もやしや貝割れ大根、生野菜などを汚染して食中毒を起こす危険性がある。

第 7 章　食品産業と環境問題

1. 食品産業を取りまく環境

　20世紀の後半において、わが国の食生活は著しく豊かになり、それと共に食料需要が増大したため、食料の生産、加工、流通、消費の規模がこれまでになく拡大し、多様化した。食品関連産業の経済規模をみてみると、食品製造業が35兆円、食品流通業が29兆円、外食産業が25兆円規模であり、総生産額は89兆円になる。ここに農水産業の10兆円、食料輸入の4兆円を加えると、食に関連する産業は100兆円規模の大産業であり、総生産額はGDPの19％を占める。

　高齢社会になり、食品と健康との係わり合いに関心が高まり、一方では地球環境への配慮が求められる持続可能な循環型社会に移ろうとしている今日、年間1億3000万トンの食料資源を巡って、農作物、畜産物、水産物の生産から始まり、食品の加工、製造、流通、販売をへて、その食材や食品が飲食店や家庭で消費されるまでのライフサイクルに係わる食品産業には新しい課題が生じている。その第1は、家庭の台所と食卓に直結し、消費者の健康に直接に影響する食品を提供する産業であるから、食料の需給、国民栄養の充足、食の安全性はもちろん、食生活から出るゴミや食べ残しなど、いわゆる「食の環境」に十分な配慮をすることである。第2は、農業生産から食品販売、食べ残し、売れ残りゴミの廃棄までどの過程においても地域環境と共存、共生して行かねばならない産業であるから、資源やエネルギーの浪費を避け、環境への負荷を削減して環境を保全する活動を日常の産業活動の中心に組み入れる「産業のグリーン化」に、他の産業にも増して積極的に取り組むことである。

2. 環境行政の歩みと食品産業

　1950年代から80年代までを通じてわが国の環境行政の主なる課題は「公害規制」と、国土を開発から守る「自然環境の保全」であった。

　戦後復興期（1945〜55年）は国民が必要とする食料をどのようにして確保するかという時期であった。戦前の60％水準にまで減ってしまった農業生産を復興するため、化学肥料と農薬が大量に使用され始めたので、農薬を安全に使用するための農薬取締法が1948年に制定された。大気汚染、水質汚濁が公害問題になり始めてはいたが、環境保全より経済復興、そして衣食住という生活基盤の確保が優先される時期であった。

　1955年から70年代初めまではわが国経済が未曾有の高度成長を遂げた時期である。重化学工業を中心に工業地帯の開発が進んだので1960年代後半になるとばい煙、硫黄酸化物による大気汚染がピークに達し、その被害は一部の工業地帯だけでなく、全国に広域化した。酸性雨が問題になったのもこの時期である。そこで1968年、大気汚染防止法が成立し、排出抑制が始った。工業排水による重金属汚染が水俣病、富山イタイイタイ病などの公害病となって問題化し、工場排水、生活排水による河川の汚濁が全国的に深刻になった。そこで1958年の工場排水規制法について、1970年には水質汚濁防止法が施行されて産業排水の浄化処理が本格的に始った。食品工場には排水の活性汚泥処理法が普及して効果を挙げた。都市部では騒音、振動、悪臭などの公害が顕在化した。そこで、1967年に「公害対策基本法」が制定されて総合的な公害規制行政が始まった。大気、水質などに守るべき環境基準値を定める大気汚染防止法、水質汚濁防止法、騒音規制法、農用地の土壌汚染防止法などが施行され、公害は規制から予防へと対応が移った。農業分野では農薬による環境汚染が厳しく糾弾され始め、BHC、DDT、パラチオンなど安全性、残留性に問題のあった農薬はこの時期で使用禁止となり、低毒性、低残留性の農薬に置き換えられた。加工食品の普及に伴い食品添加物の安全性が問題となり、安全性見直しにより添加物登録の取り消しが相次いだ。

　1972年に勃発した第一次石油危機は産業体質を高度成長から安定成長へと転換させることになった。エネルギーコスト、原材料コストの高い鉄鋼、石油化学産業から電気機器、輸送用機器、精密機器などの加工組み立て産業に転換

し、省エネルギー、省資源への取り組みが進展した。工場や火力発電所などからのばい煙、硫黄酸化物による大気汚染には排出規制が効果を挙げてきたが、一方、生活の利便性の手段として、また産業物流の拡大に伴いモータリゼーションが拡大したので、エンジン排気から出る窒素酸化物、浮遊粒子物質による大気汚染が新しい問題になってきた。1980年代後半にはトリクロロエチレンなど有機溶剤による土壌汚染、地下水汚染が問題化した。増大する産業廃棄物は事業者の責任で処理することが廃棄物処理法で義務付けられた。生活の中にも大量消費、大量廃棄が定着し、大都市圏では「ゴミ戦争」が生じた。産業排水に加えて、生活向上に伴い増加した生活排水により、閉鎖系海域や湖沼で水質の有機質汚濁が増え、富栄養化、赤潮の発生などが広域化した。

　1985年に始ったバブル経済の崩壊とその後の長い経済不況を経て、これまでの一方通行型の経済から循環型の経済への転換が論議され始め、人々の意識は開発より環境重視の方向に急速に変わった。地球規模での環境破壊が深刻に

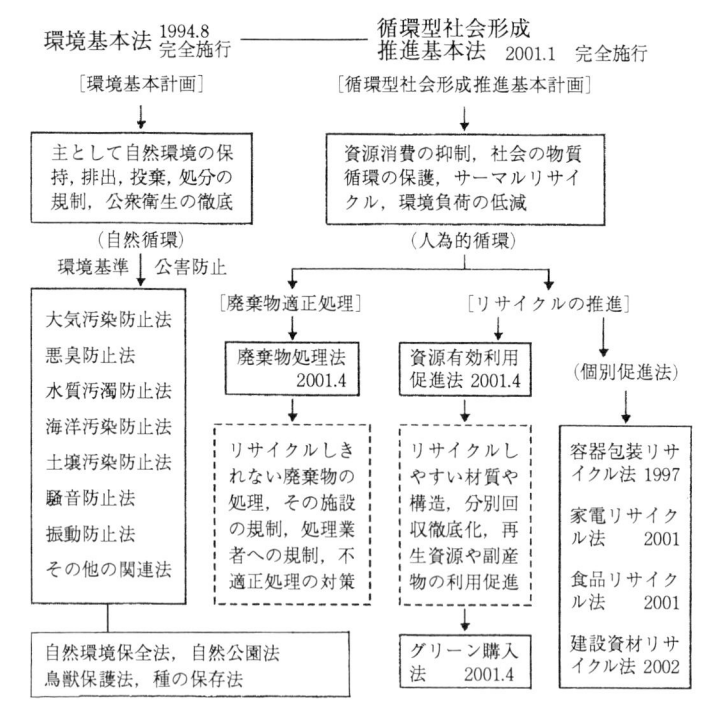

図7.1　循環型社会の形成を推進するための施策

なり、1992年の地球サミットで環境破壊への危機が強く表明された。二酸化炭素、メタン、フロンなどによる温室効果が地球温暖化をもたらすことが世界的にクローズアップされ、その排出抑制がこの時期の国際課題になった。これを契機に、持続可能な産業社会の構築、地球環境の保全が21世紀のキーワードになったのである。

1993年、これら環境課題に総合的に対処しようとする「環境基本法」が環境対策の憲法として制定され、21世紀の環境行政の基本理念として、① 健全で恵み豊かな環境の保全、② 持続可能で環境負荷の少ない経済社会の構築、と③ 地球環境保全への国際的取り組みの積極的推進とが明示されたのである。こうして循環型社会への転換の政策基盤ができたので、環境影響評価法、改正省エネルギー法、地球温暖化対策推進法、容器包装リサイクル法、家電リサイクル法、化学物質管理法（PRTR）、ダイオキシン類対策法が相次いで制定された。2000年には循環型社会形成推進基本法が制定され、資源の再生利用を促進する改正廃棄物処理法、資源有効利用促進法、食品リサイクル法、建設リサイクル法、グリーン購入法が集中的に整備された。

3．食品産業と大気汚染、水質汚濁、二酸化炭素の排出

（1） 大気汚染対策

食品産業による大気汚染は食品の加工を行う工場、事業場のボイラーや焼却炉から発生するものと、原料、製品の自動車輸送に伴うものとがある。工場、事業場のボイラーなど「ばい煙発生施設」から排出される硫黄酸化物、煤塵、窒素酸化物はよく排出削減されるようになった。二酸化硫黄、二酸化窒素の大気濃度は1960年代後半をピークとして急速に減少を続け、環境基準をほぼ達成している。1998年ベースで排出量を業種別に見ると、電気産業、化学産業、鉄鋼産業が主体であり、食品産業は硫黄酸化物で総排出の6.5％、窒素酸化物では2.1％、煤塵で3.8％を占めているだけである。

1970年代半ば以降はモータリゼーションが進展して、自動車から排出される窒素化合物、浮遊粒子状物質、一酸化炭素などによる汚染が深刻になっている。排ガス規制は1968年、大気汚染防止法による一酸化炭素の排出規制に始まり、1978年にはガソリン車が排出する窒素酸化物の9割削減が目標導入された。1993年からは「自動車NOx法」により特にトラックの排出する窒素酸

化物の削減対策が展開されている。最近では産業物流に多用される大型ディーゼルトラックの排出する窒素酸化物、微小粒子状物質が厳しく規制されるようになった。小量多品種、多頻度配送などの多い食品産業ではこれら汚染物質の排出削減に積極的に対処しなければならない。

（2）水質汚濁対策

水質汚濁防止法が施行される前は全産業から排出されるBOD負荷量は年間300万トンであったが、排水規制がよく遵守されて1989年には78万トンと約4分の1に減少している。農産物、畜産、水産物を生産し、加工し、流通させる食品産業は多量の有機汚濁物質を排出する。食品工業では製品1トンについて10～30トンもの水を使用するから、排出される排水は約15億トン、そこに含まれるBOD物質は全産業から排出される量の約15％にも相当する。この排水に含まれる多量の有機質汚濁や栄養塩類の除去には微生物や原生動物を活用するメタン発酵処理と活性汚泥処理が採用されていて、排水中の有機質濃度をBOD換算で多くても120 mg/l 以下にして河川に放流している。しかしそのために使用される電力は食品工場で使用する電力の15～30％にも達している。

水質を汚濁させた有害物質は飲料水、農業用水をへて、魚介類、農作物へ移行することになるので、食品産業としては自ら使用する原料および製品の安全性を確保するためにも水質を汚濁させないように特に注意しなければならない。

（3）環境汚染物質登録制度

産業に使用されている化学物質は世界全体で10万種類、日本でも5万種類もある。産業に使用される化学物質が人の健康や生態系に及ぼす危険性をもつ場合には製造や輸入を規制する化学物質審査規制法（化審法）がカネミ油症事件を機に1973年に制定されている。新規に使用しようとする化学物質は、自然界での難分解性、生物体内への高蓄積性、人体に対する慢性毒性を審査して、そのすべてを有する化学物質は第1種特定化学物質として製造、輸入、使用が禁止される。蓄積性は低いものの、難分解性であり慢性毒性の疑いのあるものは指定化学物質に指定して製造量、輸入量の届け出と監視を行い、その内で、環境汚染による有害性が判明したものは第2種特定化学物質として製造量、輸入量を規制することになっている。

しかし、最近これら有害化学物質が多種多様になり、その排出源も多様になってきたため、化審法によって個々の化合物を規制しているだけでは化学物質の環境負荷を総体として低減させることが困難になった。そこで、環境汚染物質の排出移動登録制度（PRTR）が2000年より施行されている。人や生態系に有害性があり、環境負荷が大きいとみられる化学物質について、環境への排出量、廃棄物としての移動量を、対象化学物質を1トン以上を取り扱う全ての事業者から国に報告させ、物質ごと、業種ごと、地域ごとに集計、公表する制度である

（4） 二酸化炭素削減計画

食品産業は地球温暖化と関係が深い。産業として二酸化炭素、メタン、亜酸化窒素などの温室効果ガスを排出し、一方では地球温暖化に伴う気象変化により原料農産物、畜産物の供給に影響を受けるからである。

地球温暖化を抑制しようとする国際的な取り組みは1980年代から開始され、1997年、京都で開かれた第3回条約締約国会議で、温室効果ガスの排出を先進国全体で2008年から2012年までに、1990年を基準として5％削減することを義務づける京都議定書が採択された。二酸化炭素の世界総排出量は、2000年現在で62億トンであるが、その内、アメリカが22％、中国が14％、ロシアが6.6％、日本は4.9％と大きなシェアを占めている。わが国では、京都議定書で割り当てられた温室効果ガスの6％削減義務を履行するため、二酸化炭素、メタン、亜酸化窒素の排出量を1998年値から10％を削減する計画を実行中である。なにもしなければ2010年には排出量が1990年に比べて20％ほど増加するとみられている。食品製造業で策定されている排出量削減行動計画の例を表7.1に示しておく。

二酸化炭素の排出量を産業部門別に見ると、電気事業が6％、産業部門が41％、運輸部門が20％、民生部門が22％であり、農業、畜産、林業などは4％である。食品産業の排出量は調査値が見当たらないのでエネルギー消費量から類推してみる。日本エネルギー経済研究所が1990年に調査した結果によると、食料の生産（農林水産業）から加工、流通に至るまでの食品産業全般で消費するエネルギー量は425兆キロカロリーであったと推定される。わが国で消費する一次総エネルギーの13％、石油換算で約4600万キロリットルに相当する。石油は1リットルで0.69キログラムの二酸化炭素を排出するから、4600

第7章 食品産業と環境問題

表7.1 食品産業界における温暖化対策行動計画

業種	計画策定団体	取り組む温暖化対策
乳製品製造業	(社) 日本乳製品協会	1997年のエネルギー原単位をベースに2002年までの5年間は、年率0.5％、2003年より2010年までの8年間は年率1％づつ切り下げる。
糖類製造業	精糖工業会	2010年のCO_2総排出量を、年間491,000トンに設定(1900年585,770トン)、将来、491,000トン以下に削減することを目指す。
製粉業	製粉協会	2010年の目標を、 ・エネルギー使用原単位を1990年比2％以上削減 ・CO_2排出原単位を1990年比5％以上削減に設定する。
冷凍食品製造業	(社) 日本冷凍食品協会	2010年におけるCO_2排出原単位を1990年の実施から10％程度削減するよう努力する。
清涼飲料製造業	(社) 全国清涼飲料工業会	2010年において、製品の種類別構成に大幅な変動がない限り、業界平均値で原油換算で原単位を1990年の水準を上回らないようにする。
ビール製造業	ビール酒造組合	ビール生産及び物流におけるCO_2排出原単位を90年を下回るレベルに安定化。ビール工場におけるエネルギー使用原単位を90年を下回るレベルに安定化
調味料製造業	全国マヨネーズ協会	2010年におけるCO_2排出原単位の目標値を基準年次1990年における原単位を約30％下回るレベルに設定する。
食品卸業	日本加工食品卸協会	事業所ごとのエネルギー消費量を、毎年次年間一律1％づつ対前年比で削減、結果として、2001年には、対1998年比5％削減を目標とする。

出典：遠藤保雄「食品産業のグリーン化」日報出版 (2001年)

万キロリットルの石油ならば3200万トンの二酸化炭素に相当し、わが国の総排出量12億トンの3％になる。食料の生産に伴って排出される二酸化炭素量は1980年ベースで、製品出荷額100万円当たり農産物で1～1.5トン、畜産物で1.5トン、魚介類で3～9トン、食品加工では3トンと推定した調査がある。国民1人当たりで見ると年間650キログラムと推定されているが、その後の生産量、消費量の増加も考えれば1人、年間700～750キログラムの二酸化炭素

3. 食品産業と大気汚染、水質汚濁、二酸化炭素の排出

表7.2 食料生産から加工、流通に要するエネルギー（単位：☆Tcal、★石油千kl）

業　　種		エネルギー☆	石油換算★	(%)
農林水産業	農林業	30,892	3,339	7.2
	水産業	41,248	4,459	9.7
	小　計	72,058	7,790	16.9
食品製造業		86,446	9,345	20.3
物流	輸　送	35,857	3,876	8.4
	倉　庫	5,622	608	1.3
	小　計	41,479	4,484	9.8
小売業	小売り	116,134	12,554	27.3
	自販機	12,481	1,349	2.9
	小　計	128,615	13,903	30.2
飲食店		96,796	10,464	22.8
合　計		425,394	45,986	100.0

資料：（財）日本エネルギー経済研究所、（換算・作表 木村進）
注 1) 農林水産業は、1989年推定のデータ。
　 2) 倉庫には、冷蔵庫用のほか製氷用、凍結用エネルギーを含む。
　 3) 小売り、自動販売機は1988年のデータ。
　 4) 電気は1kWh＝2250kcalとして算出。
　 5) 石油1lは9250kcalとして換算

を食料調達のために排出しているであろう。

　地球環境問題の一つにオゾン層の破壊がある。フロン、ハロン、四塩化炭素、臭化メチルなどが大気圏に放出されるとそのまま成層圏に達し、そこで分解され塩素ラジカルを放出する。それが触媒になってオゾン層を連鎖的に破壊するのである。成層圏のオゾン層は太陽光線に含まれている有害紫外線を吸収するバリアーになっているので、これが破壊されると有害紫外線が地上に到達しやすくなり、人の健康や生態系に悪影響をもたらす。そこで、オゾン層破壊物質の生産、使用を削減して成層圏濃度を1980年以前のレベルに戻そうとする国際的取り組みが1987年より進められている。わが国でも、1988年にオゾン層保護法を制定して1995年よりはフロン類の生産中止をきめている。食品産業界では、チルド、冷凍食品の製造、配送に携わることが多いことから、冷蔵庫、冷凍機に冷媒として充填されていたフロンの回収に自主的に取り組んでいる。

表7.3　国民1人当たり食品調達のために排出する二酸化炭素量

食品群名	CO_2 排出量（CO_2 kg/人）
生鮮、冷凍魚介・加工品	139.44
畜肉、鶏肉・卵・酪農品	68.37
製穀・製粉・めん類	63.43
パン・菓子類	58.73
その他食料品	56.01
野菜・果実	51.07
清涼飲料	40.45
調味料	26.65
冷凍調理食品	7.10
清酒・ビール・ウイスキー	35.19
タバコ	17.78
飲食料およびタバコの消費からのCO_2排出量	653.74

出典：吉岡完治ほか：『イノベーション＆I-Oテクニーク』4.(1), 37～48 (1993)

4．食品産業の廃棄物処理とリサイクル

　経済成長と並行するように産業活動に伴って発生する産業廃棄物、日常の生活から排出される一般生活廃棄物が増加して大きな環境負荷になっている。産業廃棄物の排出量は90年代以降は年間4億トン前後で安定していて、その8割は汚泥、動物の糞尿、瓦礫類である。2000年度で見れば、この内、再生利用されるのが45％あり、残りは脱水、焼却など中間処理されるので最終的に埋め立て処理されるのは11％、4500万トンとなり、一時の半分に減少した。一般廃棄物も急増していたが、90年代に入ってからは年間5100万トン前後、国民1人当たり、425キログラムで推移している。一般廃棄物は再資源化するための分別が困難であるから資源化されるものは15％に過ぎず、85％が焼却して、あるいは直接埋め立てられている。

　このような状態の中で、農業生産からの廃棄物、家庭から排出される生ゴミや食品空容器などが見過ごしがたい量になっている。農業生産からの廃棄物は年間約9000万トンもあり、総量約4億トンの産業廃棄物の22％を占めている。その大部分は植物性の廃棄物であるから、本来土に還元されるべきものなのである。家庭や飲食業、食品販売店から排出される生ゴミと食品容器は一般廃棄物総量、約5000万トンの30％を占めるほど多い。このため、食品産業か

4. 食品産業の廃棄物処理とリサイクル

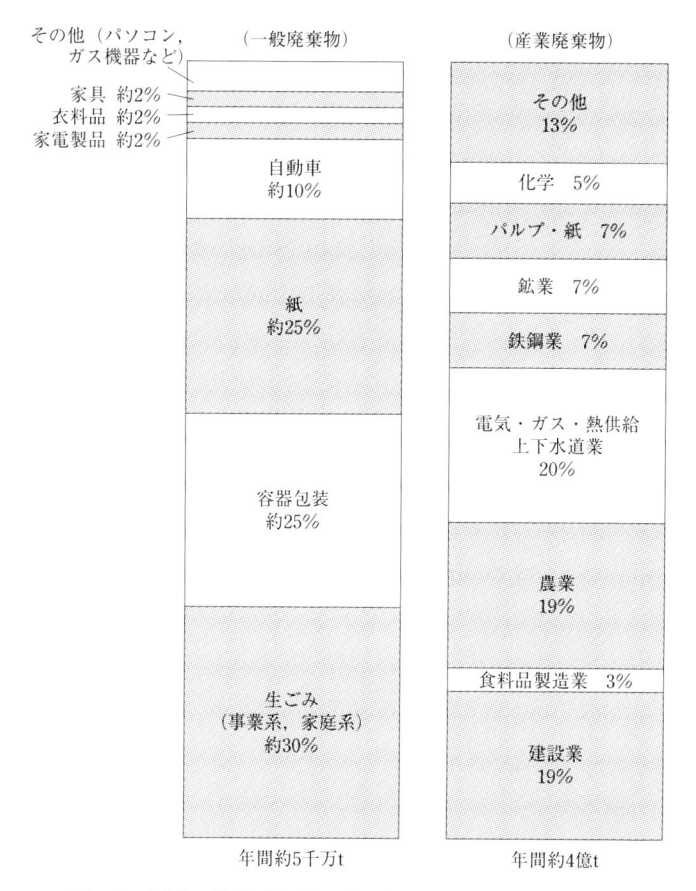

（一般廃棄物）	（産業廃棄物）
その他（パソコン, ガス機器など）	その他 13%
家具 約2%	化学 5%
衣料品 約2%	パルプ・紙 7%
家電製品 約2%	鉱業 7%
自動車 約10%	鉄鋼業 7%
紙 約25%	電気・ガス・熱供給 上下水道業 20%
容器包装 約25%	農業 19%
生ごみ（事業系, 家庭系）約30%	食料品製造業 3%
	建設業 19%
年間約5千万t	年間約4億t

図 7.2　廃棄物の構成（通産省：産業構造審議会資料、2000年より）

らの食品廃棄物と使い捨てられる飲料や加工食品の容器、包装をゴミとして排出することを抑制し、さらにはそのリサイクル利用を進めるため、食品リサイクル法、容器包装リサイクル法が整備された。

　食品廃棄物の排出量は、産業廃棄物として食品製造業などから排出されるのが340万トン、家庭や外食産業から一般廃棄物として排出されるものが1600万トン、合計約2000万トンである。この内、産業廃棄物として排出されている340万トンの半分は肥料、飼料などに再利用されるが、残り半分と一般廃棄物は、つまり食品廃棄物の9割は殆どが焼却、埋め立てされていて再資源化は

表7.4　食品廃棄物の発生量とリサイクル状況（単位：t）

	発生量	処分				
		焼却埋立	再生利用			
			肥料化	飼料化	その他	計
一般廃棄物 うち事業系 うち家庭系	1,600万 600万 1,000万	1,595万 (99.7%)	5万 (0.3%)	―	―	5万 (0.3%)
産業廃棄物	340万	177万 (52%)	47万 (14%)	104万 (31%)	12万 (3%)	163万 (48%)
事業系の合計（合計から家庭系一般廃棄物を除いたもの）	940万	775万 (83%)	49万 (5%)	104万 (11%)	12万 (1%)	165万 (17%)
合　計	1,940万	1,772万 (91%)	52万 (3%)	104万 (5%)	12万 (1%)	168万 (9%)

出典：「食品循環資源の再生利用等の促進に関する法律－21世紀に向けた循環型社会の構築を目指して－」農林水産省（1996）

されていない。なぜなら、外食産業などから排出される食品廃棄物は多数の事業所から小量ずつ排出されるので、それを取り集めて再資源化することが困難である。家庭より排出されるいわゆる生ゴミも小量ずつ排出される上に、紙、プラスチックなどが混じっているので飼料にも肥料にもなりにくいからである。

そこで食品工場などから産業廃棄物として出る食品廃棄物と外食産業や量販店から出る事業系の食品廃棄物を今後5年間、2006年までに2割抑制し、また肥料、飼料、メタンガスなどに再資源化することを促進するのが食品リサイクル法の基本方針である。この目標達成のため、年間排出量が200トン規模以上の食品メーカーや飲食店に対しては、取り組みの強化を義務づけている。家庭から出る食品廃棄物、いわゆる生ゴミは再資源化するための分別収集が困難であるから対象になっていないが、コンポスト化、堆肥化して地域の農家が活用することが望まれている。

食品産業から出る一般廃棄物、年間1600万トンの2～3割、容積にすれば6割を占めているのは食品や飲料の容器、包装材である。食品や飲料の流通形態

が大きく変わり、量販店でのパック販売、自動販売機での販売が拡大したためである。このため、空き缶、ペットボトルの散乱、プラスッチクやアルミ缶の焼却による焼却炉の損傷、ダイオキシンの発生などの問題に直面することになった。例えば、1996年に食品、飲料に使用された金属缶は約370億缶であり、ペットボトル、ガラス瓶を合わせて消費量を350 ml缶に換算すれば年間1200億缶となるから、その3％が道路、河川、海岸などにポイ捨てされたと仮定すれば、実に36億缶が散乱して環境、景観を損なっていることになる。わが国で排出される廃プラスチックは年間約1000万トンで、その19％がパック、カップ、トレー、15％がボトルであり、どれも飲料、食品用に使用されたものが多く、その9割は埋め立て、あるいは焼却されている。産業用に使用される段ボールケース、年間81万平方メートルのうち55％は加工食品、青果物の包装に使用されている。これら廃棄される容器や包装材の回収と再資源化を促進するために、1995年容器包装リサイクル法が制定され、ガラス瓶、ペットボトル、プラスッチクトレー、紙容器、ダンボールなどについて、市町村は分別収集、運搬、保管し、事業者は再商品化経費を負担することが義務付けられた。アルミ缶、スチール缶と飲料紙パックは既に市町村が分別回収してリサイクル

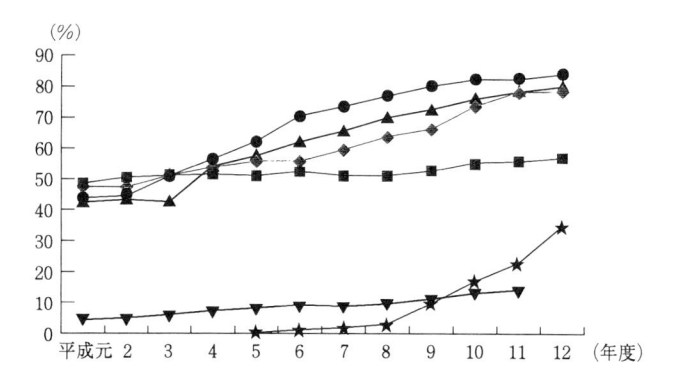

──●── スチール缶再資源化率(暦年)・スチール缶リサイクル率(平成11年・暦年)
──■── 古紙回収率(暦年)
──◆── ガラスびんのカレット利用率(暦年)
──▲── アルミ缶再資源化率(年度)・アルミ缶リサイクル率(平成11年・年度)
──▼── ごみリサイクル率(年度)
──★── ペットボトルの回収率

図7.3　容器包装のリサイクル率（環境省：平成14年版環境白書より）

しているので再商品化義務の対象外となった。再商品化の義務があるのはこれら容器を利用している製造業者、容器の製造業者、包装材を利用して食品を販売する卸、小売業者など（但し小規模事業者は除く）である。ガラス容器、金属缶などのリサイクル率は1990年当時はどれも40％あまりであったが、容器包装リサイクル法が1997年から施行されてからリサイクル率が向上して、2000年にはスチール缶は84％、アルミ缶は81％、ワンウエイガラス瓶は78％になった。排出量が飛躍的に増加しているペットボトルは分別回収が遅れていたが、この数年で回収率が良くなり、リサイクル率も2002年には46％になった。しかし、使い捨てられるペットボトルは年間150億本にもなるから、分別回収する自治体の負担が大きく企業による使用自粛が必要である。古紙の利用率も漸増して57％になっている。

5．食品安全性への取り組み

　食品産業は安全な食品を提供して国民の食生活と健康に直結する台所産業であるとの意識を強く持たねばならない。原料農産物に残留する農薬、加工食品の製造に欠かせない食品添加物、工場の衛生管理に使用する洗浄剤や殺菌剤、缶、瓶、ペットボトルなど食品容器、流通ルートや量販店で包材、梱包に使用するプラスチック資材などの化学物質が健康に及ぼす安全性を確認することが大切である。これら化学物質のリスクを最小限度に切り下げるリスクマネジメントについては、第2章「食の安全性」で詳しく述べた。

　われわれは日常食べている食品がどこで生産され、どのように加工され、どのように流通してきたのかを知らないのが普通になった。だから余計に、安全な食料なのかどうか不安になるのである。そのため、食品の安全性を保証しようとする表示制度がここ数年に相次いで強化されている。まず、栄養素の補給、カロリーカットなどを強調表示するための栄養表示基準（1996年）、生鮮食料品と輸入食品に対する原産地表示の義務化（2000年）、有機農産物の認証制度（2000年）、遺伝子組換え農産物の使用表示（2001年）、機能性食品の保健効果表示を制限する保健機能食品制度（2001年）、アレルギー物質を含む加工食品への注意表示（2002年）、食肉の生産、流通履歴を1頭ごとに登録するトレーサビリティー制度（2003年）などである。

　1996年に病原性大腸菌O157による食中毒が堺市の学校給食で発生し、

6500人の患者が発生した。2000年には黄色ブドウ球菌の耐熱性毒素に汚染された雪印乳業製品による食中毒が発生し、1.4万人もの被害者が出た。食中毒の発生件数は一時期より倍増していて、しかも一度発生すると加工食品、中食や外食の利用規模が拡大しているから巨大な事故になりやすい。食中毒菌でなくても、製品が乳酸菌や酵母で汚染されると、混濁や異味、異臭を生じて製品事故となる。そこで、末端消費食品を製造する食品産業においてはHACCP（危害分析重要管理点）にのっとった衛生管理をするところが多くなった。HACCPとは食品に関する安全衛生面での危害を事前に予測し、その予測される危害を未然に防止するための生産管理システムである。食中毒の原因となる微生物、食材に付着する農薬や抗生物質、洗浄剤や殺虫剤の混入、金属片、ガラス屑など、危害物質の混入に関してリスクが高い生産工程（CCP）を洗い出して、重点的に監視して、対策を講じることにより製品の安全衛生を確保するのである。1996年の食品衛生法の改正により、HACCPをベースとした総合衛生管理製造過程の承認制度が施行された。乳製品、食肉製品、水産練り製品、

```
┌─────────────────────────────────┐
│  原材料から最終製品に至る各段階において      │
│    危害分析を実施し、危害リストを作成        │
│  原材料／行程  危害原因物質  発生要因  防止措置 │
│            生物化学的                │
│             化学的                  │
│             物理学的                 │
└─────────────────────────────────┘
              ↓
┌─────────────────────────────────┐
│       重要管理点（CCP）の設定           │
└─────────────────────────────────┘
              ↓
┌─────────────────────────────────┐
│     （各CCPにおける）管理基準の設定        │
└─────────────────────────────────┘
              ↓
┌─────────────────────────────────┐
│   （各CCPにおける）モニタリング方法の設定    │
└─────────────────────────────────┘
              ↓
┌─────────────────────────────────┐
│          改善措置の設定              │
└─────────────────────────────────┘
              ↓
┌─────────────────────────────────┐
│          検証方法の設定              │
└─────────────────────────────────┘
              ↓
┌─────────────────────────────────┐
│       記録の維持管理方法の設定          │
└─────────────────────────────────┘
```

図7.4　HACCPシステムの導入
（厚生省：HACCP衛生管理計画の作成と実際より）

レトルト、缶詰などの業種ではガイドラインが提示され、既に100社が承認を受けて導入している。

　安全衛生を含めて、より包括的な品質保証体制を整備、確認する手段としてISO 9000シリーズの認証を取得することも普及してきた。ISO 9000シリーズとはISO（国際標準化機構）が1987年から規格を制定、認証している品質管理と品質保証に関するシステムである。特にISO 9001は製品の設計開発から製造、検査、アフターサービスまでを含む製品の品質管理に関する全ての企業活動にかかわる要求規格である。品質管理と品質保証に関する企業方針と目標を明確に定め、その目標を達成するための行動計画を策定し、それを適切に実施するための組織と管理システムを構築し運用、記録する一連のマネジメントシステムである。さまざまな原材料を調達して加工する食品産業では、自社の生産工場だけではなく、生産を委託する工場、原材料や包装材の調達先を含めて数百社とも取引先があるから、納入する資材、製品の品質管理を保証するためにISO認証を取得していることを要求されることが多い。

6．食品産業の環境マネジメント

　最近の食品産業界ではこれらの環境課題を通じて地域環境に被害を及ぼさないよう、ISO 14001（環境マネジメントシステム）の認証取得、ライフサイクルアセスメント（LCA）の実施、環境会計の導入などを手法として、地球温暖化、大気汚染、水質汚濁、有害化学物質汚染などを抑制、予防し、省エネルギー、省資源に努めている。また食品廃棄物、容器、包材などのリサイクル、再資源化、「ゴミ　ゼロ」活動などを日常的な産業活動として展開する「産業のグリーン化」に積極的に取り組むようになった。

　そのためにはまず、環境保全に関する経営方針を明確に定め、それにしたがって自社が発生させる環境負荷の削減目標と、目標を達成するための行動計画を策定し、それを客観的基準に従って適切に実施するための組織と管理システムを構築し運用する環境マネジメントシステムが必要になる。その国際規格版として国際標準化機構（ISO）が1996年より制定、認証しているシステムがISO 14001である。わが国では輸出関連企業から導入が始まり、すでに2002年までに9700事業所が審査登録を済ましていて、食品業界では製造業はもとより大手スーパーマーケット、コンビニエンスストアにまで広まっている。コン

表7.5 キリンビールの環境関連の投資と費用 (1)

(ビール生産部門および環境部門)　　　　　　　　　　　　　　　　　　　　　　(単位:百万円)

項　目	1996年 投資	1996年 経費	1997年 投資	1997年 経費	1998年 投資	1998年 経費	内容
Ⅰ. 環境負荷低減のための直接的コスト	884.9	973.3	3,391.0	897.9	1,539.1	887.0	
1. 公害防止	341.9		2,549.0		117.1		
(1) 大気汚染防止	0.0		0.0		0.0		
(2) 水質汚濁防止	220.9		2,467.0		55.0		
(3) 土壌汚染防止	0.0		0.0		0.0		
(4) 騒音防止	0.0		0.0		0.0		
(5) 悪臭防止	121.0		82.0		60.0		
(6) その他	0.0		0.0		2.1		
2. 地球環境保全	506.0		730.0		1,393.2		
(1) 温暖化防止	0.0		15.0		350.0		
(2) オゾン層破壊防止	355.0		67.0		831.2		
(3) 省エネルギー	151.0		648.0		212.0		
(4) 省資源	0.0		0.0		0.0		
(5) 節水・雨水利用	0.0		0.0		0.0		
(6) その他	0.0		0.0		0.0		
3. 廃棄物処理	37.0	973.3	112.0	897.9	28.8	887.0	
(1) 廃棄物処理	37.0		112.0		25.5		
(2) 廃棄物減容化	0.0		0.0		2.9		
(3) リサイクル (分別収集)	0.0		0.0		0.0		
Ⅱ. 環境負荷低減のための間接的コスト		4.6		11.3		11.1	コンサルタント、環境調査研究費
Ⅲ. 生産、販売した製品等の使用・廃棄に伴う環境負荷低減のためのコスト		2.6		4.8		4.2	リサイクル関連
Ⅳ. 環境負荷低減のための社会的取り組みに関するコスト		747.8	1,464.0	735.4		552.5	
1. 事業所他緑化		406.5		463.6		420.8	
2. 環境美化活動		14.9		25.6		24.3	
3. 自然保護団体他への支援		10.5		9.7		6.8	
4. 環境イベント・リサイクル支援		23.2		47.5		48.1	
5. 環境教育支援		51.8		73.0		34.9	
6. 環境報告書等作成		10.5		15.0		14.3	
7. 環境広告		230.5		101.0		3.3	
Ⅴ. その他環境保全に要したコスト		210.0		221.9		205.0	汚染負荷量賦課金
合　計	884.9	1,938.3	4,855.0	1,871.3	1,539.1	1,659.8	

※ビール生産部門および社会環境部で集計できたものについてのみ記載。

第7章 食品産業と環境問題

表7.5 キリンビールの環境関連の投資と費用 (2)

環境負荷等の削減効果（ビール生産部門）　　　　　　（単位：削減量は項目欄の記載単位、収益は百万円）

項目	1996年		1997年		1998年		内容
	削減量	収益	削減量	収益	削減量	収益	
1.省エネルギー							
(1) 用水：m³	143,830	17.1	141,541	21.2	888,018	41.7	対策前後の差（単年度のみの計算）
(2) 電力：kWh	2,677,615	65.8	1,726,795	57.3	3,316,771	52.6	対策前後の差（単年度のみの計算）
(3) 蒸気：t	4,400	19.6	46,908	155.2	9,676	46.3	対策前後の差（単年度のみの計算）
2.廃棄物							
(1) 発生量：t	20,044		80,028		65,266		前年との差
(2) 処分量：t	1,235		2,417		2,917		前年との差
(3) 売却利益：百万円		721.8		595.9		666.3	当年度実績
3.温室効果ガス							
(1) CO_2 排出削減量：万t	－10.4		－3.0		0.9		1990年との差
(2) 緑化による CO_2 吸収量：t	653		661		650		当年度実績
(3) 特定フロン削減							
①削減量：t	9,306		15,924		37,408		1995年との差
②全体比率：%	55.6		52.6		43.5		フロン総量に対する比率
合　計		824.3		829.6		807.0	

注）表中マイナス（－）は増加を表す。
資料：「1990年版キリンビール環境報告書」

ビニエンスストアではゴミの分別収集を徹底し、弁当やおにぎりなどの売れ残りはコンポスト化して堆肥に活用することなどを始めている。

　環境マネジメントシステムの構築に当たっては、企業活動に伴うすべての環境負荷を的確に把握し評価することが必要である。そうでないと環境負荷の削減目標や削減行動の設定ができない。環境負荷は自社の工場などから直接に発生する負荷だけでなく、原料の採掘、加工、エネルギーの調達、製品の輸送、消費、廃棄の全過程にわたって発生する間接的な環境負荷までを包括して考慮する。自社の製造工程での排出物削減だけでは環境への負荷を軽減しきれないからである。ライフサイクルアセスメント（LCA）は製品の生産、サービスの実施、さらには事業活動全体から派生する全ての環境負荷を分析して、事業活動の環境適合性を評価することである。たとえばある製品について、必要な原料の採取から生産、使用、廃棄に至るライフサイクルを通じて投入した資源、エ

ネルギーと排出された全ての環境負荷量を定量し、集計、積算し、できれば地球や生態系への環境影響度に標準化して客観的に評価するのである。評価する綱目は大気汚染物質、水質汚濁物質、エネルギー消費量、資源消費量、廃棄物量などである。このLCAを実施することにより、環境影響度を最小にする原料の購入、製造方法の改善、製品設計の変更、環境最適化製品の開発などが可能になり、企業全体としての環境負荷を低減することが出来る。また製品をリサイクル利用しようとする際にも、製造に伴って派生する環境負荷とリサイクル行為そのものから新たに発生する環境負荷を比較して、環境にとってそのリサイクル利用の得失を判断できる。

　環境問題が深刻化するに伴い、企業が環境保全にかけるコストは無視できない規模になりつつあり、その費用対効果を真剣に検討しなければならなくなった。そこで、企業は環境保全に関する投資および費用とその効果を「環境会計」として把握し公表するようになった。環境保全活動のために要した投資、費用とその経済効果は貨幣単位で把握してもよいし、貨幣単位で把握しにくいところは環境負荷の物量単位で把握してもよい。企業は自社の事業活動に伴う環境負荷について「説明責任」があるわけで、そのための環境報告書や環境会計情報が企業にとって必要不可欠なものになりつつある。食品産業における事例としてキリンビール（株）の環境報告書の一部を表7.5に挙げておく。

第8章　日本の農業を救う環境価値

1. 農業と農村に期待する環境保全

　今日の環境問題が発生した原因は人間の活動が大きくなり過ぎて、さまざまな負荷を地球に押し付け、自然の復元力を超えてしまったことにある。人間は食料なしでは生きられないから、その食料を生産する農業は人間の活動の根源といえよう。人類が草地や森林を切り払い、焼き払って農耕地を開き、川をせき止めて灌漑をして作物を栽培し、家畜を飼育し始めたときから、自然の環境は人間の生活に都合よく変えられてきたのである。今日、世界の農耕地は全陸地面積の9％を、牧草地は23％を占めていて、そこで就業人口の半数にも及ぶ多数の人々が農業を営んでいるから、環境に及ぼすその影響は大きい。それでも、人口が今日ほど多くなかった頃は、大気、土壌、水域、生物相にまたがる自然の物質循環を巧みに利用して食料の生産を持続的に行えていたし、農村の地縁社会と景観も安定して維持できていた。

　ところが、20世紀に入り人口が急増してきたため、それを養う食料を増産しようとして開発途上国では過剰な耕作と放牧による収奪により、先進国では農薬、化学肥料、エネルギーの多用により、自然の生態系を破壊し、大気、河川などに環境汚染を引き起こすようになったことはここまでに詳しく述べた。わが国では、狭い耕地で多くの人口を抱えているため、農業による物質循環の乱れや環境の汚染は先進国の中でもことさらに大きい。それに加えて、わが国農業は小規模経営であって国際競争力が弱く、安価な輸入食料に押されて後退を続け、今や営農条件の悪い山間地では耕作の放棄、集落の離散が始まり、伝承文化や周辺の景観さえ維持し難くなってきている。

　また、農業は食料生産の担い手であると同時に日本列島の自然の守り手でもあることを忘れてはならない。集中豪雨、台風や日照りの被害も水田と畑とそ

の背後にある森林とにより緩和されている。日本農業の中心である稲作水田は工場や自動車が吐き出した二酸化炭素を吸収して酸素に換え、多量の水の蒸発力で酷暑を和らげている。水田は河川、湖沼につながっていて魚類の稚魚や水生昆虫の住処にもなっている。全国280万ヘクタールの水田に年間100日水を張るとすると、その湛水量は76億トンにもなり全国にあるダムの総貯水量200億トンの3分の1にもなるから、水田は雨水の遊水池であり、治水ダムでもある。梅雨と台風シーズンに集中して降る豪雨が、急峻な河川を流れ下ると洪水被害を引き起こすが、森林と水田はこの雨水を一度に流さずに保水し地下水として貯留する。傾斜の激しい中山間地域の耕地では1ヘクタール当たり年間6トンの土壌浸食が生じるが、耕作を放棄すると浸食は激しくなり22トンにもなる。耕作地、1ヘクタールにはかつては5トンの堆肥が鋤きこまれていたから、500万ヘクタールの日本の耕地は2500万トンもの有機質ゴミの処理施設であったといえる。水田から収穫される米の年産額は3兆2000億円程度だが、洪水防止、水資源涵養に水田が果している役割は4兆円にも5兆円にも相当すると評価できる。

　2000年に内閣府が国民の社会意識を調査したところ、「日本のどこを誇りに思うか」という質問に対して、「長い歴史と伝統」の37.4％についで、「美しい自然」が36.2％を占めた。大量生産と大量消費の工業社会では経済効率と貨幣価値が絶対の尺度であったが、循環型社会になれば、われわれの価値観にも質的な変化が生じ、自然の生態系や美しい景観が持つ公共財としての関係価値を重視するようになる。農業を食料の生産手段として評価するだけでなく、自然の生態系や国土と地域社会の維持、民俗文化、伝統の伝承、のどかな田園景観の形成、ふるさととしての精神的依存性などに農業が果たしている多面的な機能を高く評価する時代になった。日本学術会議が計量評価したところによると、これら多面的機能には農業自体の総産出額、9兆円に匹敵する経済効果があるという（図8.1参照）。持続可能な経済社会に転換しようとしているわが国にとって、農業と農村が持っている環境保全機能は大きいのである。

　今や、日本の農業の価値は経済生産性以外の関係価値を加えないと理解されがたいというわけである。前述の世論調査では、国民の93％もがこれら多面的な機能を持つ農村と農業を将来の世代に残したいと考えている。循環型社会の構築は国民生存の基盤となる国土と自然環境の保全なくしてはありえない。

第8章　日本の農業を救う環境価値

資料：平成11年度「食料・農業・農林白書」、日本学術会議「地球環境・人間生活にかかわる農業及び森林の多面的な機能の評価」（2001年）

図8.1　農業が持つ多面的機能とその経済評価
（原　剛著：農から環境を考える、集英社、2001年　掲載の原図を改変）

農業の多面的機能の経済評価額8兆円は大きいようであるが、国民総生産額500兆円、大企業の売上高5兆円などに較べて余りにも過小であるまいか。この程度の認識では農業と農村を守ることは難しいと思われる。

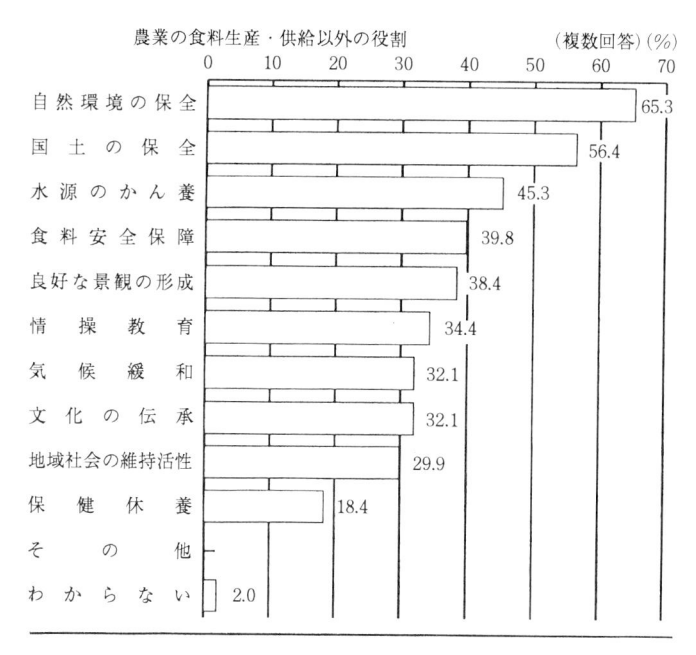

農業の食料生産・供給以外の役割　　　　（複数回答）(%)

役割	%
自然環境の保全	65.3
国土の保全	56.4
水源のかん養	45.3
食料安全保障	39.8
良好な景観の形成	38.4
情操教育	34.4
気候緩和	32.1
文化の伝承	32.1
地域社会の維持活性	29.9
保健休養	18.4
その他	
わからない	2.0

図 8.2　国民が農業に期待している役割
（内閣府：農産物貿易に関する世論調査、2000年より）

しかしながら、農業と農村を持続的に発展させて、国土の環境と地域文化の維持、保全を期待するためには、その前提として、日本農業が直面している経済的課題を克服して構造改革をなし遂げ、農業生産と農家経営そのものが経済的に成り立ち、持続的に発展できるようにすることが先決である。

2．日本の農業の構造的弱点

日本農業には今後、持続的に発展しにくい構造的弱点がある。その一つは人口に比べて農耕地が少ないことである。もともとわが国は人口に比べて農耕地が少ない。1人当たりの農用地面積が149アールもあるアメリカは別としても、国土面積や人口が日本と大きく違わないヨーロッパ諸国でも1人当たり数十アールの農耕地があるのに対して、わが国では僅かに4アールに過ぎない。農地面積がこのように限られているのでどう対処してみても食料は米を除いては自給できず、必要量の大半を輸入に依存しなければならないのである。

今一つの問題は、わが国の農業は依然として零細な経営が多いことと、労働賃金が高度経済成長により高騰したために、農産物の生産コストが海外諸国に比べて高いことである。米作りについて日本とアメリカの生産コストを比較してみると、わが国の米はアメリカ産に比べて11倍も高い。生産コストの内訳を見てみると、労働費や農機具費などの格差が大きい。これは主として1戸当たりの作付規模が100倍も違うことが原因である。経営規模が小さいため、農業機械の効率的利用が進まず、10アール当たりの労働時間がアメリカの25倍程度かかり、しかも労働賃金がアメリカの1.8倍もするためである。このように生産価格の内外価格差が大きいいために、農産物の自由貿易を迫るガットの圧力に屈して輸入制限が撤廃されると、国内農産物は輸入農産物に競争力を持てないのである。これらのことは第3章で詳しく述べた。

3．農業の構造改革が遅れた

　戦後、需要が急増した小麦や畜産物を生産するための飼料トウモロコシ、あるいは、植物油を絞る大豆は早くから全面的に輸入していたが、それ以外の農産物は増産して1970年ごろまでは何とか自給できていた。しかし、国内農産物が増産できたのは1970年頃までであり、なお豊かになりつづける食生活を賄うだけ生産することが次第にできなくなった。一方で、1980年代に入ると農産物の貿易自由化を求めるガットの要求が厳しくなり、農産物の輸入規制は次第に緩和、撤廃せざるを得なくなって、安価な輸入農産物が急増してきた。その結果、国内農業は競争力を失って後退し、国内自給を続けられる農産物は限られたものだけになった。1998年以降、日本の総合食料自給率は40％にまで低下してしまっているのである。

　このような過去40年間の推移を経て、日本の農業は産業としての活力を低下させてしまった。農地面積は1961年に最も広く、609万ヘクタール、作付面積にして813万ヘクタールあった。しかしその後、宅地、工場用地、道路への転用と山間部での耕作放棄などで200万ヘクタールが失われ、農地開拓100万ヘクタールを加えても、農地面積は100万ヘクタール以上減少し2000年には483万ヘクタールになった。さらに米の減反、麦、豆、いもなど二毛作の作付け減少により、作付面積も300万ヘクタールあまり減少して456万ヘクタールになった。二毛作は言葉として残るのみである。これに伴い農家戸数も

3. 農業の構造改革が遅れた　(123)

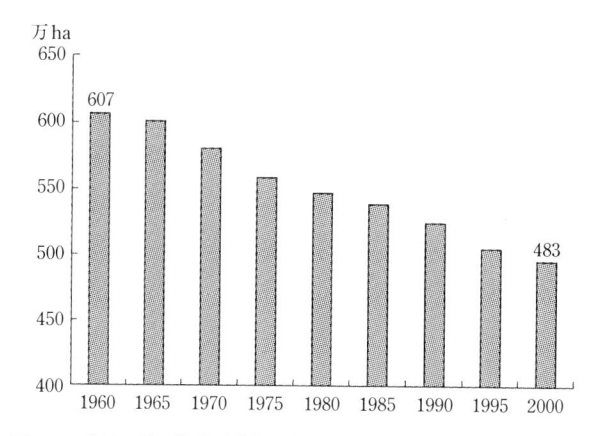

図 8.3　農地面積の推移（農林水産省：耕地及び作付面積統計による）

1960 年の 606 万戸から 2000 年には 312 万戸へと半減し、そのうち経営規模が 30 アール以上あって、年間 50 万円以上の農産物を販売する「販売農家」は 229 万戸、専業農家は僅かに 43 万戸に減少してしまった。主として農業に従事している就業人口は 1200 万人から 389 万人（総就業人口の 5 ％）に減少し、その内、専従者は 179 万人になっている。2010 年には専業として農業を後継しようとする若者は 15 万人に減ると予想されているから、全国 14.5 万集落とすれば、1 集落、農地面積 28 ヘクタールに 1 人という有様になってしまう。

　農業生産額は 1960 年には年間 1.5 兆円で国内総生産の 9 ％を占めていたが、2000 年には 9.1 兆円になったものの、国内総生産に対する比率は 2 ％にも満たなくなった。食品産業市場は 80 兆円にも拡大しているのに、農業の取り分はその 10 ％しかないのである。現在、販売農家が農業によって得ている賃金は 1 人 1 日当たり、平均 5552 円で、製造業労働者の平均 18569 円に較べて 3 分の 1 である。平均的な販売農家の年間総所得は数年間連続して減少して、2000 年には 828 万円になっているが、その内、農業所得は僅かに 108 万円に過ぎない。それどころか、農業粗収入が 100 万円以下に過ぎない農家が販売農家の 59 ％を占める。つまり、農業だけでは生計が立てられないから販売農家の 8 割が兼業農家となり、農業以外の兼業収入で家計とそして農業経営を支えているのである。そのため、農業後継者は容易に見つからず、日常的に農業に従事している基幹的農業従事者の半数が 65 歳以上になる高齢化が急速に進

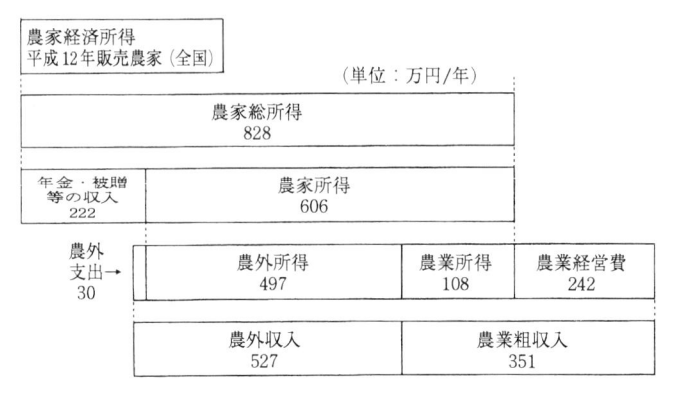

第8章　日本の農業を救う環境価値

```
農家経済所得
平成12年販売農家（全国）
                              （単位：万円/年）
┌─────────────────────────────────────────┐
│           農家総所得                     │
│              828                         │
├──────┬──────────────────────────────────┤
│年金・被贈│        農家所得                │
│等の収入 │          606                   │
│  222   │                                 │
├──────┼────────────┬──────┬──────────┤
│農外    │  農外所得   │農業所得│農業経営費│
│支出→  │    497     │  108  │   242    │
│  30    │            │       │          │
├────────┼────────────┼──────┴──────────┤
│        │  農外収入   │    農業粗収入    │
│        │    527     │       351        │
└────────┴────────────┴─────────────────┘
```

図8.4　販売農家の1戸当たり農家総所得
（農林水産省：平成13年度　食料・農業・農村白書、統計表より）

み農業の継続が心配される。農業には複雑な気候と地理的条件の下での長年の訓練が必要であるから、一旦止めてしまうと再開することが難しい。兼業化ができにくい中山間地域などでは耕作放棄地が21万ヘクタールにも広がり、洪水被害などの発生が危惧されるなど、農村や農家が果たしてきた地域環境の保全機能が低下しかけているのである。農業が儲からなければ耕地とその周りの自然に対する細かい心遣いを期待しても無理である。産業としての農業には持続性の基盤がほとんど失われてしまっているのである。

　戦後のわが国の農業政策は農地解放と食料増産により農業生産の復興に努めることであった。その後の高度経済成長期には、農業と工業の経済格差を是正するため、農業の生産性向上と農業従事者の所得改善が大きな課題になった。そのため、1961年に制定された農業基本法の重点施策は重点作物を選択的に生産拡大することと、経営規模を拡大し、機械化、施設化を推進するすることであった。これにより労働生産性は4倍になり、畜産物、野菜、果物の生産が順調に拡大したが、生産過剰になり始めた米の作付けを他の作物へ転換することは計画どおりに進まなかった。稲作は収益性がよく、省力性も良いので兼業農家でも作りつづけられるためである。

　なによりも予測がはずれたのは農業経営規模の拡大と自立経営の育成効果が挙がらなかったことである。酪農家の乳牛飼育頭数こそ1960年の1戸当たり2頭から2000年の52頭まで26倍に拡大したが、稲作農家の作付面積は僅か

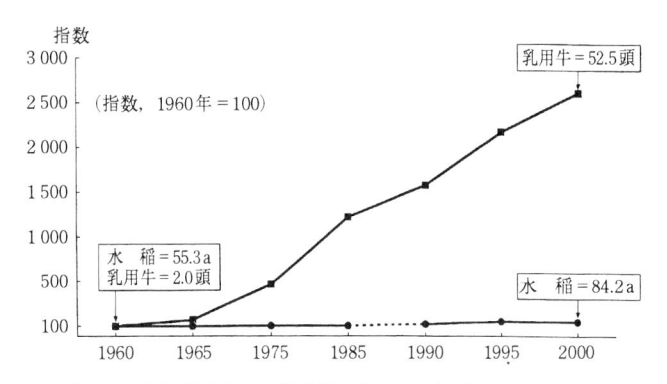

図 8.5　農家1戸当たり平均作付面積、乳用牛の飼育頭数の推移
（農林水産省：平成13年度　食料・農業・農村白書より）

に1.5倍に増加しただけである。米については依然として経営規模の小さい多数の兼業農家が生産の3分の2を担っている。2000年現在、販売農家の経営耕地面積は1.6ヘクタールに過ぎず、農家全体で見れば1.2ヘクタールに過ぎない。農地の集積利用、経営規模の拡大が十分に進まなかった原因は農地価格が宅地価格に伴って上昇したため農地の資産的保有が強まったことと、農作業が機械化され、稲作は片手間でできるようになったためである。農業就業人口は急減したものの、母ちゃん、じいちゃん、婆ちゃんの三ちゃん農業といわれる兼業農家が増えて、農家戸数の減少に直接に結びつかなかった。米価をはじめとする価格保護政策も農家のコスト意識を鈍らせ、内外価格差を拡大した。労働生産性の向上は機械化、施設化と化学肥料、農薬の投入で実現したものであり、経営規模の拡大によるものでなかった。そのため、資本と経費が嵩み、労働生産性の向上効果を帳消しにして農家の経営悪化を招いたのである。

4．食料、農業、農村基本法が目指すもの

　40年前に制定された旧農業基本法は農業の発展、農村の振興のみを目標としていたが、21世紀を目前にして1999年に制定された食料、農業、農村基本法では、① 食料の安定供給、② 農業の持続的発展、と共に③ 農村、農業が果たす国土の保全、水資源の涵養、自然環境の保全、景観の形成、文化の伝承などの機能を、総合して目標に取り上げた。農作物生産のためだけの農政ではなくな

第8章 日本の農業を救う環境価値

り、国土や環境の保全に結び付けて農村社会を維持する方針に変わったのである。

まず、第一にこれまで農業の構造改革が進まなかった経緯を踏まえて、将来のわが国農業の持続的発展と食料の安定的供給、自給率の向上を図るためには、今後の農業生産を担うことができる「効率的かつ安定的な農業経営体」を、それ以外の農家と区別して重点育成することを緊急の課題としている。思い切った経営規模の拡大や作物転換により生産性を向上させること、加工、流通を含めた農業経営の多角化、土地、資本、労働などの生産資源を効率的に活用す

旧農業基本法

- 食料供給と多面的機能
- 農業
- 農村

食料・農業・農村基本法

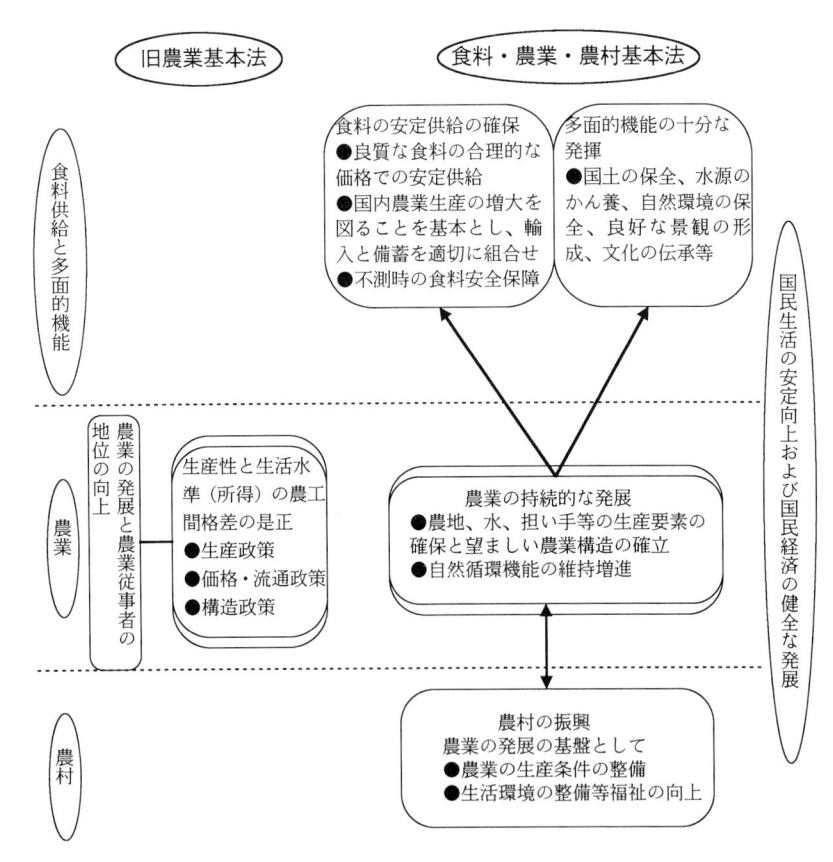

食料の安定供給の確保
- ●良質な食料の合理的な価格での安定供給
- ●国内農業生産の増大を図ることを基本とし、輸入と備蓄を適切に組合せ
- ●不測時の食料安全保障

多面的機能の十分な発揮
- ●国土の保全、水源のかん養、自然環境の保全、良好な景観の形成、文化の伝承等

農業の地位の向上／農業の発展と農業従事者の

生産性と生活水準（所得）の農工間格差の是正
- ●生産政策
- ●価格・流通政策
- ●構造政策

農業の持続的な発展
- ●農地、水、担い手等の生産要素の確保と望ましい農業構造の確立
- ●自然循環機能の維持増進

農村の振興
農業の発展の基盤として
- ●農業の生産条件の整備
- ●生活環境の整備等福祉の向上

国民生活の安定向上および国民経済の健全な発展

図8.6　食料・農業・農村基本法が目指すもの

る農業生産法人化と、農業経営マネジメントの育成が必要なのである。補助金政策を改め、市場原理、競争原理を取り入れる方向に転換するのである。

　1992年の農林水産省の新農業政策での見通しによれば、経営規模が10〜20ヘクタールの個別経営体15万戸と、35〜50ヘクタールの組織経営体2万戸とで米の80％を生産できるようになれば、生産コストは1990年の平均的な生産コストに比べて40〜50％は安くなる。そして、現在312万戸の農家の内で、経営体として生き残ることの出来ない小規模農家、100〜190万戸は大きな農業経営体に農作業を委託し、やがて経営全体を、そして農地の所有権まで譲り渡して自給農家になるか、外の産業に転職していくとみている。「農業は農家がするという時代」から「いろいろの人や組織が農業生産をしたり、支援をする時代」になって行く。現在でも、農家ではないが農作業を受託し、支援する農業サービス事業体が全国で約2万体もできている。

　第二に、持続農業法を制定して、環境保全型農業を推進し、有機農産物など安全で品質の良い農産物を消費者が入手しやすくすること、産地直販、地産地消などの生産、供給提携体制を拡大すること、消費者が安全で良質な国内農産物を選択しやすいように原料、原産地表示の徹底、そして食品トレーサビリティーの導入などを整備することである。

　第三に、営農条件が不利な中山間地の農林業が果している国土、自然環境保護の働きを維持するため、農山村地域社会を再編、維持することである。日本の国土の7割を占める中山間地には全農地の42％が点在し、そこに全農業人口の42％が居住し、全農作物の37％を生産している。そして、そこで営まれてきた農林業が地域の景観を維持し、水源を維持して、土砂の崩落、流出を防いで下流地域を水害から守ってきた。特に傾斜の激しい山間地での農業経営は零細であり、集約化も出来ないから収入も少ない。後継者が耕作を放棄して離村するので、4割の集落では農家戸数が10戸以下になって集落として維持できなくなり、永らく伝承してきた文化、風習が消えようとしている。耕作放棄された耕地面積は2000年度までに21万ヘクタールにもなっている。集落が維持できなくなると、溜池、用水路、農道が維持できなくなり、林地の下刈り、間伐もしないから、土砂崩れ、山崩れ、洪水被害が続発する。

　そこで、中山間地で耕作放棄をせずに農業を継続して環境を保全する集落には、2000年から中山間地直接支払制度が発足して10アール当たり1〜2万円

の補助金が出ることになった。初年度には、54万ヘクタールの農地について集落協定が締結されて補助金が出たが、一戸当たりにすると20万円ぐらいであったらしい。EU諸国では既に1975年から共通農業施策として、大規模経営が難しい山村で農業を継続し、放棄された農地を回復すると援助金がでる。これらの措置はWTOが嫌う農業補助金ではなく、最低限の人口を維持し、農村景観、環境を保全するための国土政策の費用と見るべきものである。日本もWTO農業貿易交渉の中で、農業の多面的機能への配慮を主張することになっている。

しかし、新農村基本法の下で儲かる農業、国際競争力のある農業を目指すとはいっても、日本の農業は今しばらくは悪戦苦闘するであろう。規模の拡大によるコスト削減には限度があり、安全な農産物という付加価値だけでは安い輸入農産物に十分に対抗できるとも思えず、農業の経済的側面は依然として厳しいままであろうからである。幸いなことに、社会の閉塞感の中で人々の価値観が変わり、「春の小川」や「ふるさと」に歌われた田舎の風景に憧れを持つようになった。自然景観の維持、自分達の暮らし方の再点検や子供の情操教育などにおいて、生産と生活の場が同じである農村に強い期待を寄せているのである。今しばらくは「農業」にではなく、「農」に大きな展望が開けているのである。

5. 農業を持続可能なものにするために

(1) 環境保全型農業

農林水産省が農業の持つ物質循環機能を生かし、土作りなどにより化学肥料、農薬の使用を減らして環境負荷を減少するように配慮した持続的農業を推進するようになって10年になろうとしている。しかし、環境保全型農業は掛け声と期待に応じた発展をしたとはいえない。農業政策の中に的確な推進策が位置付けられていないからである。慣行農業の方が経済的には有利なのだから、それを方向転換させるにはそれだけの経済的メリットを用意しなければならない。それを安全な農作物という付加価値だけに求めているようでは消費者の負担だけを増やすことになり競争市場の中では自ずから限度がある。政府、自治体の強力な経済支援が必要になる理由である。

2000年の農林業センサスによると、化学肥料または農薬の使用を節減、ある

いは無使用（有機農業）にした環境保全型農業に取り組んでいる農家は、販売農家229万戸の22％に当たる50万戸に拡大している。ただ有機農業は僅かに1万戸あまり、5000ヘクタールで実施され、販売農家の0.5％に普及したに過ぎない。これらの農業は生産が安定しにくく、手間もかかるので、生産農産物を安全、良質なものとしてプレミア価格で受け入れる支援が欠かせない。EU諸国では有機認定農地が既に400万ヘクタールにもなっていて、2010年までには農地の30％が有機農業に転換すると見られている。EU諸国には共通の環境農業政策があり、農薬、化学肥料の投入を5年間継続的に削減した場合、収穫減少による所得の損失が補償されている。

（2）地産地消活動

今日の食料問題は、食料の生産者と消費者の距離が離れすぎてしまったことから派生しているともいえる。自分の食べるものを自分で生産する自給自足は大都会では望むべくもないが、少し前までは野菜にしても、魚にしても直ぐ身近なところから供給されていた。身土不二、つまり身体と自然は一体であるという思想があって、われわれの先祖は自分が住んでいる三里四方で取れた季節のものを食べることが病気にならない秘訣であると考えてきた。「地産地消」、「旬産旬消」である。ところが現在では季節や産地に係わりなく、欲しいと思う食材を遠くから手に入れて消費している。そのため、エネルギーコストの高い施設栽培や長距離輸送あるいは海外からの輸入を増やすことになり、それに伴う環境負荷も大きくなっている。それと同時に、生産者の顔はますます見えなくなるのである。

有機農産物、減農薬、減化学肥料農産物の生産を応援するためには、お互いの顔が見えて、関心を持ち合える契約栽培、直接販売、産直共同購入をこれまで以上に進めなければならない。地域のものを旬に食べようとする地産地消運動がわが国のものとすれば、地域の伝統食品作りを支援して中小農家と共生しようとするスローフード運動はイタリアで生まれ、資源を使い捨てにして生産したようなものは社会的にフェアーでないから購入しないとするフェアートレード運動はイギリスで生まれた。いずれも「食」と「農」を一体のものと考える「食農同源」の思想といえる。消費者がこの思想を深めることが食と農の工業化、経済効率追求というこれまでの日本の食のパラダイムを変えて食、農、環境の悪循環を断ち切り、環境保全農業を支援するのである。

（3） 国産農作物の安全性確保

　最近、食の安全性に対する関心が高まっている。しかし、1996年の遺伝子組換え農産物の表示論議、1999年のダイオキシン汚染野菜騒動、2001年のBSE騒動、2002年には牛肉原産地偽装事件、農薬が高濃度に残留する中国産野菜、国産果物に無登録農薬の使用発覚などが相次いで、食品安全性に対する信用が大きく揺らいだ。そこで、原産地表示や品質表示制度の強化、有機農産物の表示規制、遺伝子組換え食品の表示制度、食品添加物、農薬の登録基準の強化、残留農薬の検査体制の強化、食品の生産、流通、消費の履歴をたどるトレーサビリティーの試行などが相次いで実施されている。国産農産物とその加工品を良質、安全なものとして保証し、消費者が安心して入手できるようにするこれらの制度は国内農業の復興に役立つのである。

（4） 消費者の農業体験の推進

　日本の農業と農村が抱えている課題は農業生産者、農村生活者だけの問題ではない。工業立国を目指して経済効率のみを追求し、農業を等閑にしてきた国家の責任である。また、欲しいままに食欲を満たし、食生活の利便性を必要以上に求めてきた消費者にも責任がある。この課題の解決は生産者、消費者の対立やそのどちらかの犠牲によって生まれるのでなく、お互いの役割を認め、お互いに関心を持ち合い、責任と恩恵を分かち合う共生が必要である。小中学生徒を対象にしての学校農園、農業体験学習、地元農産物による学校給食、ふれあいイベント、都市生活者に対しての市民農園、観光農園、観光牧場、ファーマーズマーケット、体験農業地域、グリーンツーリズム（農村滞在型交流）、農村ボランティアアルバイトなどの活動がそれである。1999年には全国の6138箇所で地方公共団体と農業協同組合が開設している市民農園が600ヘクタールになった。農業体験学習をしている小学校が4校に3校、中学校が3校に1校になっている。

　水も、空気も、景観もただでは得られないという環境認識を育てて、中山間地農業の維持につなげていくことも必要である。そのために農山村滞在型のグリーンツーリズムや政府が子供たちのために実施している自然学校が役に立つ。例えば、環境省の「ふれあい自然塾」、農林水産省の「やまびこ学校」、国土交通省の「水辺の学校」などを通じて、山村での生活を体験し、伝統芸能や暮しの知識を受け継いでもらうようにするのである。

欧米では、都市と田園の交流があるライフスタイルが理想とされていて、都市住民の健康維持と休養を目的として市民農園が設けられている。市民農場は新鮮な野菜、食料の自給自足地であり、都市の日常生活からの保養、子供たちへの環境教育の場であり、災害時の避難地であると共に都市の緑の環境施設でもある。環境保護運動に熱心なドイツでは50万世帯が利用するクラインガルテンという1区画平均300平方メートルの市民農場があり、ロシアのダーチャは600平方メートルはある小屋つき菜園であり、例えばハバロフスクの60万市民のうち25万人が利用しているという。同じような市民農場として、スエーデンにはコロニートレゴード、デンマークにはスワンホルム農場、イギリスにはシティファームがある。

　日本農業法人協会は全国の農地を経営農地、自給農地、交流農地に3区分して利用すべきだと提案している。生産性の高い平野部の農地は農業法人や大規模農家に集約し、残りは家族が食べるだけを生産する自給農地と、市民が農業に親しむ市民農園などに開放する構想である。定年後は田舎に移住して自給自足の農作業に親しみ、自然の中で健康に暮らしたいと思う中高年者は多い。

第9章　持続循環型社会における農と食

1．循環型社会を構築するために

　人類500万年の生活は地球に対して一方通行型で続けられてきた。人間の活動に対して地球が十分に大きかったために、資源は使っても使っても無くならず、廃棄物は捨てておいても、自然に浄化され、環境を汚しても一定の時間がたてば元の健全な地球に戻ったからである。

　産業革命で産業の規模が一段と大きくなった後でも、地球から必要なだけ自由に資源を取り出してよい、取り出した資源は好きなように使い、余ったものや、使い滓は好きなところに捨ててよい、と考えてきた。経済や工業が発展するということは、より価格の高いものを、より多量に生産するということであり、資源やエネルギーをより多く消費するということでもあった。

　ところが、20世紀後半になって、市場経済と工業がこれまでにない大きな規模に拡大し、人口が爆発的に増加して急激な都市化が進行した。その結果として、①地球温暖化、②オゾン層の破壊、③酸性雨、④野生生物の種の減少、⑤森林（熱帯林）の減少、⑥砂漠化、⑦海洋汚染、⑧有害化学物質による環境汚染、⑨開発途上国における食料危機などが相互に関係し合いながら進行してきた。

　特に1980年代半ば以降には、地球規模で環境汚染や自然破壊が急激に進行し始めたので、国連の「環境と開発に関する世界委員会」は1982年に、人間社会発展のための環境倫理として「持続可能な発展」の概念を提出した。「持続可能な発展とは、将来の世代が自らの欲求を充足する能力を損なうことなく、今日の世代の欲求を満たし発展することである」と定義し、そのために人類相互の、そして人間と自然との調和を促進しなければならないと提唱したのである。次いで1992年、リオデジャネイロで開かれた環境と発展に関する国連会

1. 循環型社会を構築するために

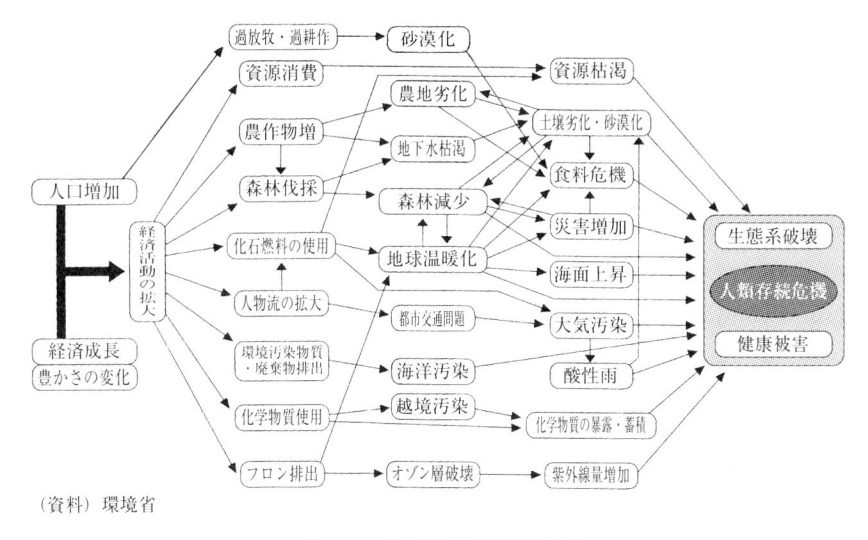

図9.1 人間の活動と地球環境問題
(資料) 環境省
(三橋規宏：環境経済入門、日本経済新聞社、1998年を基に作成)

議（地球サミット）で、持続可能な発展のために実施すべき具体的な行動を定めたアジェンダ21が採択された。それまでのように経済成長を採るか環境保護を採るかという二元論をするのでなく、世代間の公平という立場から経済発展と環境保護とができるよう節度ある開発をを考えるのである。わが国でも循環型社会形成推進基本法を2000年に定め、天然資源の消費を抑制し、環境への負荷を低減する社会の実現を目指すことになった。

経済成長と、資源、エネルギーの節約と、地球環境の保全は同時に満足することができにくい「トリレンマ」であるから、その相克を克服して持続可能な発展を実現するためには、縮小均衡型社会を選ぶか、循環型社会を選ぶかである。縮小均衡型社会とは、生活の満足度が低下することを受け入れて、自然の利用量を減らしていく道である。膨張しすぎた経済活動を30年か40年前の規模に縮小させようという選択であるから、個人的に実践する分にはよいとしても、社会全体で実行するとなると経済の混乱を招き、社会的合意が得られるとは到底思えない。食料を自給するためとは言え、現在の豊かな食生活を捨て1960年ごろの貧しい食生活に戻ろうとする人は多くないはずである。

だとすれば、自然の利用量を減らしながら、一方で生活の満足度を維持し、

できれば高めていく資源循環型社会を選ばなければならない。そのためには、資源生産性を高めることが必要である。技術革新やライフスタイルの転換により、投入資源を半分にしてもこれまでと同じ生活満足度が得られるようにすれば、資源生産性は2倍になるのである。その方法として、① 大量生産、大量消費を適量生産、適量消費、ゼロエミッションに改める、② 資源の採掘、製品の製造、消費、廃棄に至る全ライフサイクルにわたって環境への負荷を出来るだけ小さくする、③ 資源の利用度を高めるため、3R（リデュース、リユース、リサイクル）の実施、④ 新エネルギー開発など技術革新、⑤ ライフスタイルの転換などである。過去の公害問題を克服してきたわが国の環境効率性（単位環境負荷あたりの経済活動量）はOECD諸国のなかでは突出しているが、さらなる効率の向上を目指して取り組まなければならない。それらを支援するために、省エネ、省資源を促進する技術革新および環境重視の経済社会を作る環境基本法や、資源リサイクルを促進するリサイクル法など社会制度のインフラ整備も入用になる。

　それにも増して、この循環型社会を持続可能な形で発展させていくためには政府の施策に加えて市民、企業レベルの自主的な諸活動が重要になる。循環型社会への移行を実践する主役は、企業、地域社会、消費者（個人）の3者なのである。それは現代の環境悪化について、われわれ全員が被害者であると同時に加害者であるからである。われわれが環境に与える負荷は、① われわれの経済、社会活動がもたらしたものであり、② 社会の大多数が直接、間接に負荷を発生させているのであり、③ 個々の活動から発生する負荷量は小さいが、④ 小さな負荷が集積することにより大きな支障になるが、⑤ それでいて、個々の社会構成員は環境負荷を自ら発生させていることについての加担意識、罪悪意識が薄く、⑥ 解決するには技術対応のみではできず、社会経済システムの見直しが必要であるからである。

　経済活動の中心的役割を占めている企業は、食料生産を担当する農家も含めて、最小の資源エネルギー消費と最小の廃棄物排出および最小の環境負荷で、最大の生産、あるいは事業活動をする環境効率性を求められる。つぎに、個人としての消費者には、これまでの使い捨て型のライフスタイルを転換させ、必要以上の消費、利便性を求めず、省エネ、省資源型製品、有機農産物、リサイクル製品を購入するなど、物と自然を大切にする循環型のライフスタイルをす

ることで、持続可能な経済社会実現の主役になることが求められる。個人が主導権を発揮して、地域がまず変わることから、その総和として、日本全体、世界全体が変わるようにするのがよい。環境問題の解決にはグローバルに考え、ローカルに行動することが大切である。地域で必要なものは地域で生産、製造し、できるだけ地域で消費し、廃棄物も処理することを目標として、地域住民が全員で参加、活動するのである。

2. 循環型社会における農業とは

　1992年の国連会議、地球サミットにおいて人類の活動のあらゆる面において、持続可能な発展のための行動が要請され、農業においては「持続可能な農業」が追求されることになった。その持続可能な農業とは技術的にも可能なものであり、経済的にも実行可能で、社会に受け入れられるものでなければならない。それぞれの国において、気候、人口、耕地面積、農業集約度、耕作様式、農産物を輸入するか輸出するか、などの違いがあるから、環境への負荷の少ない農業の進め方にはそれぞれの国の特色がある。

（1）焼畑農業

　東南アジアの熱帯雨林地域、アフリカやインドのサバンナ地域で昔から行われてきた農業である。まず林を伐採し、草を刈ってその乾くのを待って焼却し、跡地を開墾して作物を栽培する。多くは1、2年作付けたら地力が消耗するので他の場所に移り、焼畑跡地は10～15年放置して自然の再生に委ねるのである。そして林が復活したら戻ってきて次の焼畑を行う。1973年に調査されたところによると、焼畑が行われている面積は全世界の利用可能な陸地面積の25％にも及ぶ36億ヘクタールにも広がっていて、焼畑で生活している人口は2億5千万人にも達していた。焼畑は近年の森林破壊の元凶と見られていて、将来の潜在生産力をも危うくするとみられている。しかし、熱帯土壌は酸性で、肥沃度が低く、肥料保持力も保水力も悪い。また、年間を通じて温暖で湿潤な気候のため病虫害や雑草の被害がはなはだしい。このようなところでは、畑作農業を持続的に営むことは極めて難しい。焼畑は林として放置されている間に、土壌中に多くの有機物が貯って土壌の保水力を高める、林の多様な生物相が病虫害への抵抗性をつける、下草である雑草の種子が死滅することなどで、短期間であるが生産性の高い作物栽培が可能になるのである。植生が十分

に回復するまで休閑期間を守っている限りでは、焼畑農業は農業条件の厳しい熱帯で昔から今日まで営まれている持続型農業といえる。

（2）中国の生態農業

中国の農業は世界の耕地面積の7％で、世界総人口の22％を養う食料を自給している。1960年代初頭には1人当たりの1日の摂取カロリーが飢餓水準の1500キロカロリーであり、2000万〜4000万人の餓死者を出していたが、80年代の改革、開放政策により生産が劇的に拡大し今や3000キロカロリーを摂取するようになっている。

このように農業は中国経済の基礎であり、農業と農村の持続的発展は中国の持続的発展の基本的保証と考えられている。そのため、「生態農業」という政策が1980年代から展開され、成果を挙げている。国家の指導の下に、多収性稲品種の導入、化学肥料と農薬の合理的活用、豊富な人口資源と広大な国土の活用、伝統農業の経験を生かす、地域ごとの農業条件に合わせた取り進めなどにより、生産性の向上、食料の増産、安定供給、農民の収入増加と生活改善、自然資源の効率的かつ永続的な利用などを実現し、農業と農村地域の持続的発展と環境保護を目標とする運動である。有機栽培、あるいは減農薬栽培の農産物と加工品は緑色食品と呼ばれていて、生産量は840万トン、栽培面積は226万ヘクタールになっている。

（3）韓国の親環境農業

韓国と台湾は日本と同様に人口に較べて耕地が狭く、農業生産性の向上が求められてきた。そのため、韓国農業の化学肥料、農薬の使用量はヘクタール当たりにすると日本に劣らず多い。そこで1998年から環境にやさしい農業を「親環境農業」と位置付けて手厚く支援している。化学肥料、農薬の使用量の30％削減、畜産糞尿の資源化、土壌改良、緑化、農業廃棄資材の収去、実践農家の技術的支援と経済保証、、生産物の認証マークなどが実行されている。2010年までに親環境農業による農作物を全農作物の10％にする計画である。

（4）台湾の有機農業

台湾における化学肥料の使用は年間、ヘクタール当たり1570キログラム、農薬は42キログラムもあり、日本、韓国にくらべても数倍である。有機農業は1980年代に紹介されたが、徐々に広がっているに過ぎない。伝統農業が狭い土地で小規模に行われていること、亜熱帯地域であるので病虫害の持続的防除

が必要なことなどが原因である。

####（5） アメリカの低投入農業（LISA）

　アメリカでは短期的な生産性、収益性に強くこだわらず、化学肥料や農薬などの資材の投入を減らして長期的に生産性の持続、資源の保全を目指す「低投入・持続型農業」が1990年から普及し始めた。

　アメリカは広大な耕地を利用して穀物を135％も自給できる。コーンベルト地帯の農家は平均200～300ヘクタールの農地を所有していて、主にトウモロコシか大豆を単作栽培する。これを技術的に可能にしたのは、機械化と作物の品種改良、化学肥料と農薬の利用である。しかし、土壌伝染性病害による連作障害を抑えるための肥料や農薬の大量施用が表流水の富栄養化、農薬汚染、地下水の硝酸汚染を引き起こしている。また、単作農業では土壌が被覆される期間が短くなり、裸の地面が降雨に曝されて土壌浸食が起こりやすい。穀物だけの単作では土壌に戻る有機物が少なくなり、土壌生物の働きも衰えて土壌構造が不安定になる。土壌浸食の被害はアメリカ全土で4000万ヘクタールにも及ぶ。

　こうしたことの反省から、環境にやさしい農業への関心が生まれ、低投入農業が生まれた。低投入農業では、農地の潜在的生産力に適性のある作物を選び、農薬や化学肥料の使用を減らして、低投入で効率的に生産する。さらには、輪作、耐病性品種、空中窒素の固定活用など作物の潜在能力を十分に活用するのである。

####（6） EU諸国の粗放化持続農業

　ヨーロッパの農業は休閑地で飼料作物を栽培して家畜を飼育する輪作農法であり、安定した状態で持続性の高いものになっていた。第二次大戦後、ヨーロッパ経済共同体が発足すると、域内農業の競争が始まり、機械、施設、化学肥料、農薬を多用して、急速に生産力を上げたが、その反面、大量の余剰農産物を発生させ、環境破壊を顕在化した。ヘクタール当たりの化学肥料施用量は日本よりも多いところもある。

　そこで1985年のEC農業改革では、粗放化奨励策、休耕奨励策が導入され、「環境保全と農村維持が両立する農業生産方法の導入規則」により農薬、化学肥料の投入の5年間継続削減と、過疎地域における農地、林地の維持および環境改善のための休耕に補助金が出ることになった。農地の休耕は440万ヘク

タールにもなっている。

3．わが国の環境保全型農業

わが国では欧米に比べて国民1人当たりの耕地面積が格段に狭く、農家の経営規模も小さいことから、国民が必要とする農産物を確保し、安い輸入農産物に対抗するには、作物生産性と労働生産性を出来る限り高める必要があった。そこで化学肥料、殺虫剤、除草剤などを大量に使用してきた。わが国の化学肥料の年間施用量は1974年の350万トンをピークとして漸減し、現在200万トンになっているものの、依然として諸外国に比べて多く、窒素の1ヘクタール当たりの投入量255キログラムは、オランダ、韓国、ベルギーと並んでその他の欧米諸国の数倍である。その結果として、地下水に環境基準を超えた硝酸態および亜硝酸態窒素による汚染が多い。一方、堆厩肥施用量はヘクタール当たり7トンを施用していた頃もあったが、今では1トンになり土壌中の有機物含量が減少した。そのため土壌は団粒構造が消失して、保水能力、耐乾燥能力を失い硬化している。農薬の使用量も1974年の年間74万トンをピークとして減少し35万トンになっているが、それでも1ヘクタール当たりの撒布量は12キログラムとヨーロッパ諸国の数倍である。環境中に放出される農薬は減少したといっても、依然として土壌、地下水、河川、大気を汚染し続けているので

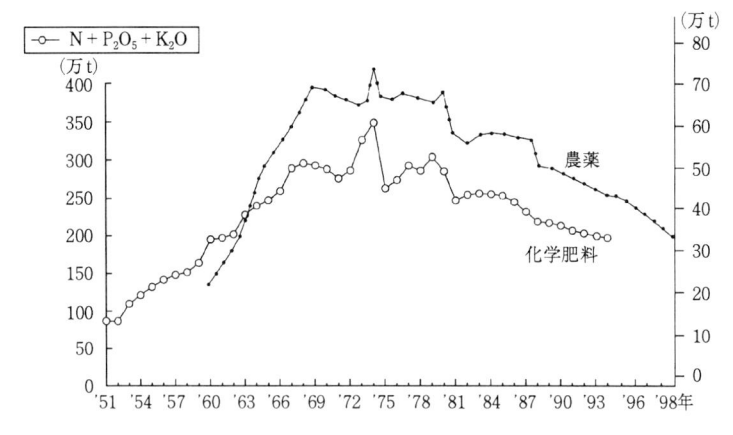

図9.2　日本における化学肥料と農薬の使用量の変遷
（農林統計協会：肥料要覧、農薬要覧による）

ある。

　そこで、農林水産省は1994年に環境保全型農業推進本部を設置し、「農業の持つ物質循環機能を生かし、生産性との調和などに留意しつつ、土作りなどを通じて化学肥料、農薬の使用などによる環境負荷が減少するよう配慮した持続的農業」の推進を図ることになった。1997年には環境保全型農業推進憲章を制定し、地球環境の維持が人間社会の発展にとって欠くことができないこと、水田を中心とするわが国農業が国土保全、水資源の涵養などの公益的機能においても環境保全に貢献していることを明示し、化学肥料の過剰施用、農薬の不適切な使用、家畜糞尿の不適切な処理が環境に悪影響を及ぼしていることを指摘している。

　そして、これらを改めて環境保全型農業を推進するために、農業者および農業者団体のみならず、消費者、流通関係者が連携して参加することを要請している。消費者に対しては、地産地消の消費行動、環境にやさしい農産物の購入、生ゴミの堆肥化などを呼びかけ、食品産業には環境保全型農業で生産された農作物の使用、加工、販売の推進、食品残渣のリサイクルなどを呼びかけている。農業が持っている自然循環機能の維持増進のため、農薬および肥料の適切な使用、家畜排泄物の有効利用による地力の増進のために、「有機農産物の検査認証、表示制度」「食品循環資源の再生利用等の促進に関する法律」も制定された。

　流通、消費段階における有機農産物の品質保証も必要である。2001年より無農薬、無化学肥料で栽培された農産物は改正日本農林規格法によって登録認定機関の認証を受ければ「有機農産物、有機栽培」として表示でき、5割以上節減した農産物も特別栽培農産物として「減農薬」、「減化学肥料」などと表示できるようになった。また、節減が5割に満たないものであっても市町村によって、あるいは関係諸団体により独自の農産物認証制度を設けている。消費者、流通業者の選択の便宜を図り、農業生産環境の保全、農産物の食品安全性の向上への参加意識を高める制度である。現在では、これら環境保全型農業により生産される農産物の販売価格の決定にも、約半数の農家が契約生産や直販実施などにより関与するようになり、その結果として通常栽培によるものより1〜2割高く販売されているようである。虫食い野菜を忌み嫌い、形や色艶の良い果物を選び、作物の旬や適地栽培にお構いなく欲しいものを求め、しかも安い価

第9章　持続循環型社会における農と食

表9.1　環境保全型農業への取り組み状況　　　　　　（単位：%）

	合計	化学肥料・農薬の使用				たい肥による土作りを行っている
		化学肥料の窒素成分		農薬の投入回数		
		使用しない	地域の慣行の半分以下としている	使用しない	地域の慣行の半分以下としている	
環境保全型農業に取り組んでいる農家数	100.0 (502)	6.4	62.6	5.3	67.3	73.4
取り組み作目　稲	100.0 (270)	5.4	67.3	5.2	74.1	64.7
野菜	100.0 (120)	6.9	61.7	5.0	67.0	87.6
果樹	100.0 (60)	9.3	56.2	4.2	52.6	76.9
その他作物	100.0 (52)	7.2	47.9	8.3	49.8	82.2

資料：農林水産省「農林業センサス」(2000年、全国・販売農家)
注：1) 合計欄の( )内は実数(千戸)である。
　　2) 取り組み作目とは、環境保全型農業に取り組んでいる農家において、販売額が最も大きいものである。

格で購入したいという選択行動はそれ自体は当たり前かも知れないが、結果として農家に農薬や化学肥料の多用を強制することになっている。

　農林水産省では1997年に初めて環境保全型農業の実施状況を調査した。この調査対象にした環境保全型農業とは地域での通常の使用量に比べて、化学肥料または農薬を節減あるいは無使用とした農業であるとし、有機栽培農業をも含んでいる。調査結果によると、環境保全型農業は全国農協の54％にあたる農協で取り組まれていた。これらの農家では化学肥料の節減は有機質肥料の使用により、農薬は病虫害の発生予測に応じて撒布する適期防除の徹底により節減していることが多い。化学肥料と農薬をどちらも50％以上削減（無使用を含む）している作付面積は、露地果菜類では全作付面積の55％に及び、ついで葉茎菜類で47％、水稲で42％、果樹で36％になっていた。化学肥料および農薬をどちらも使用しない、いわゆる有機農業は露地果菜類では28％に実施されているが、他の作物では10％に満たなかった。

　「2000年農林業センサス」調査によると、なんらかの環境保全型農業に取り組んでいる農家は、販売農家数234万戸の22％に当たる50万戸に拡大している。このうちで、化学肥料、農薬の使用を慣行農業の半分以下にしている農家が60％以上に達し、堆肥使用による土作りは水稲で65％、野菜では88

表9.2　地域農業の環境問題は10年でどのように変わったか　　　（単位：％）

内容	増えた	変わらず	減った	未回答	計
作物の単作化による連作障害など	33.9	51.7	7.0	7.4	100.0
農薬多用、防除等による環境汚染問題	7.4	45.1	40.8	6.7	100.0
化学肥料多用、施用法などによる土壌汚染	7.0	49.6	37.3	6.1	100.0
畜産排泄物による環境汚染	7.1	39.6	44.9	8.4	100.0
河川・湖沼・地下水汚染	11.8	48.8	30.7	8.7	100.0
廃プラスチックなど生産資材廃棄物問題	30.9	17.3	47.7	4.1	100.0
耕作放棄地など農地管理の粗放化	61.3	26.1	8.2	4.4	100.0
用排水管理の粗放化	27.7	50.7	13.8	7.9	100.0
住宅など開発による農地壊廃、スプロール化	52.1	39.0	2.3	6.6	100.0
工場・産廃施設などによる土・水・大気汚染と風評被害	13.0	68.3	8.9	9.8	100.0
農業景観、農業生態系の悪化	34.4	49.8	8.3	7.5	100.0
農作業騒音、空中散布等の苦情	20.2	53.8	18.3	7.7	100.0
稲わらなどの焼却煙等の苦情	13.2	42.9	34.5	9.5	100.0

資料：全国農業協同組合連合会、全国農業協同組合中央会編「環境保全型農業」家の光協会、2002年

％の農家で実施されていた。しかし、化学肥料も農薬も使用していない有機栽培農家は2.7％（販売農家数の0.57％）に過ぎず、EU諸国では全農家の5％が有機栽培を実施しているのに比べると少ない。全国農業協同組合が2001年度に調査したところ、これら環境に負担の少ない農業の導入が始ってからの10年で、農薬、化学肥料、畜産廃棄物などによる地域環境の汚染が改善されたという回答が30〜40％に及んでいる。

第9章　持続循環型社会における農と食

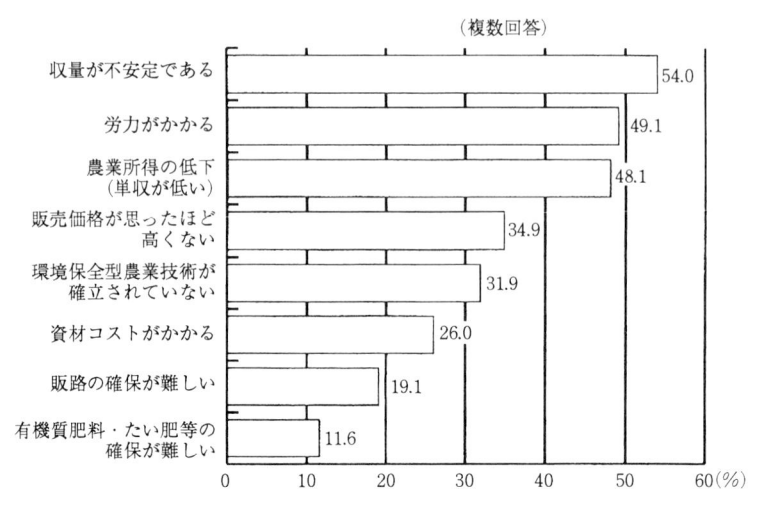

(複数回答)

項目	%
収量が不安定である	54.0
労力がかかる	49.1
農業所得の低下（単収が低い）	48.1
販売価格が思ったほど高くない	34.9
環境保全型農業技術が確立されていない	31.9
資材コストがかかる	26.0
販路の確保が難しい	19.1
有機質肥料・たい肥等の確保が難しい	11.6

資料：農林水産省「農業生産環境調査」(1998年7月)

図9.3　環境保全型農業に取り組む問題点
(三輪昌男監修：世界と日本の食料、農業、農村に関するファクトブック2002年、JA全中より)

　これら環境保全型農業は化学肥料や農薬の使用が少ないため、環境への負荷は少ないのであるが、生産性が安定せず、労力が多く必要で労働生産性が悪く、したがって経営が安定しない。農林水産省が米について試算したところ、慣行農業に較べて収量は20％減少し、労働時間は50％増加するから価格は最大で75％上昇せざるをえないという。農薬や化学肥料は適切に使用すれば健康や環境に心配するほどの影響を及ぼさないことが科学的に確かめられている

表9.3　環境保全型栽培と慣行栽培をした米の収量、価格、労働時間の比較

	収量 (kg/10a)	価格 (千円/60kg)	労働時間 (h/10a)	労働1時間 当たり所得 (百円/時間/10a)
無農薬・無化学肥料	430 (81)	28 (175)	47 (151)	20 (111)
無農薬	442 (83)	26 (163)	53 (170)	15 (83)
無化学肥料	447 (84)	22 (138)	37 (119)	20 (111)
減農薬または減化学肥料	471 (89)	18 (113)	35 (113)	14 (78)
慣行	530 (100)	16 (100)	31 (100)	18 (100)

資料：農林水産統計　平成13年版による。
　　　( )は慣行栽培を100とした時の相対値

が、用心のため農薬使用量を最小限にする、あるいは全く使用しないのに越したことはない。しかし、そのためには大きな社会的コストを負担しなければならないことを忘れてはならない。1999年にデンマーク政府が調査したところによると、農薬を全面的に使用禁止にすると、農産物の収穫量は 16〜84％減少し、価格が 30〜120％上昇するので社会全体の損失は GNP の 0.8％ になるという。単純にわが国に当てはめると 4 兆円の損失になる。環境保全型農業を育成して日本農業再編成のコアにしようとするならば、経済的、経営的に成立しやすいよう、生産する農産物が安全、良質、安心なものとして、そして環境にやさしいものとして受け入れられるよう、これくらいの社会コストは負担しなければならない。

4．有機栽培農業の現状

　環境保全型農業に先行して有機農業、自然農法の推進があった。日本で有機農業という言葉が使われ始めたのは 1971 年に、環境破壊を伴わず地力を維持培養しつつ、健康で味のよい食物を生産する農法を研究する「日本有機農業研究会」が生まれたときに遡る。有機農業の基本は堆厩肥その他の有機物といくらかの天然無機物を施用するだけで、化学肥料や化学合成農薬を使用しないことにより、土壌微生物の働きを増進して土地の生産性つまり地力を維持することにある。有機農業ではこのような技術的な面だけでなく、しばしば自然と人間の共生という哲学と精神性が強調される。自然農法は技術的には有機農業と大きくは違わないが、宗教的観念に基づいたものである。世界救世教の教祖である岡田茂吉氏が 1935 年ごろに始めた自然農法は、土壌が生命を再生、扶育するという神秘的な力を感得したところから生まれた。この自然農法では、土地の生産力は自然物によって養われるべきものであり、人工の肥料などの施用は自然に備わる土壌の生命力を損なうと考え、落葉や枯草の堆肥のみ（現在では厩肥も使う）により地力を維持し、汚染のない農産物を生産するのが基本である。

　2000 年に制定された「有機農産物の日本農林規格」によると、有機農産物の生産は、① 農業の自然循環機能の維持増進を図るため、化学的に合成された肥料および農薬の使用を避けることを基本とし、土壌の性質に由来する農地の生産力を発揮させると共に、農業生産に由来する環境への負荷をできるだけ軽減

した栽培管理方法を採用した圃場において生産するのであり、②自生している農産物を採取するときは採取場の生態系の維持に支障を生じない方法で採取するのである。そして、有機農産物の検査認証の基準は、化学肥料および化学合成農薬を使用しないことであり、多年生作物を生産する場合はその最初の収穫前に3年以上、それ以外の作物を生産する場合は播種または植付け前に2年以上有機農産物の栽培基準にもとづき栽培が行われていることである。また遺伝子組換え作物は使用しないことも規定されている。同時に制定された「有機農産物加工食品の日本農林規格」では、原材料である有機農産物のもつ特性が製造または加工の過程において保持されることを旨として、物理的または生物の機能を利用した加工方法を用い、有機農産物でない原料は5％以下にして、化学的に合成された食品添加物および薬剤の使用を避けることが条件になっている。2002年1月現在で、認定をを受けた有機農産物生産者数は、製造業者602、生産工程管理者1228、小分け業者331、輸入業者71、合計2232であり、生産農家戸数は3290である。

　消費者の天然志向、健康志向、環境意識の高まりに応じて、有機農産物とそれを原料とする有機食品、オーガニック食品は欧米で年率10～40％の急成長を続けている。2000年現在で有機農業を実施している農地は全世界で2280万ヘクタール、EU諸国では平均して農地の2.8％になり、オーストリアでは10％、スイスでは8％を超えている。西ヨーロッパの有機認定農地は既に400万ヘクタールになっているが、近年有機農業に対する補助金を出す国が増えているので、2010年までにはEU諸国の農地の30％が有機農業に転換すると見られている。有機農業は従来農業に比べて収量が少なく、より多くの労働を要することが多いので、有機農産物の価格は通常品の1.2～2.5倍になっているが、それでも市場売上の5％を占めている。

　これに対して、わが国で有機農業を実施している農家は販売農家の僅か0.5％に過ぎず、その農作物は全農作物の0.15％を占めるだけである。夏に雨が少なく比較的冷涼な気候のEU諸国とは違い、わが国の夏は多雨、高温、高湿度であるので病虫害が多く、全く農薬を使用しない有機栽培が著しく困難なためでもある。

5．食生活と食品廃棄物

　農業、畜産、林業、食品製造、家庭などから出る有機質廃棄物は年間、2.7 億トンもある。環境庁の調査によると、この内、食品廃棄物は食品製造業などから排出されるものが年間、340 万トン、家庭と外食産業から排出される生ゴミが 1600 万トン、合計約 2000 万トンである。生ゴミには 2〜3 割の食品容器、包装材などが混入していることなどを考慮すると食料廃棄は 1500 万トンはあるであろう。これらは本来その生産場所である大地に還元されるべきものである。ところが、生ゴミは大規模に選別、収集することが出来ないから、乾燥または発酵処理して飼料にしたり、コンポストや堆肥として利用されているのは 9％程度に過ぎず、残りは焼却、埋めたて処理されている（第 7 章、表 7.4 参照）。

　このため、農林水産省は 2000 年に「食品循環資源の再生利用などの促進に関する法律（食品リサイクル法）」を制定して事業系の食品廃棄物の資源化を促進することにした。環境保全型農業の技術の中心になるのは土作りであり、有機物を土壌に戻して土壌微生物に分解させ、それで植物を育てることである。かつては、人間のし尿、家畜の糞尿、農作物の屑、家庭の生ゴミまで土壌に戻して利用していたが、今は下水に流し、ゴミとして焼却廃棄することが多い。1955 年ごろには 1 ヘクタールに投入されていた堆厩肥は 7 トンぐらいであったが、化学肥料に置き換えられて現在では 1 トンぐらいに減少し、土壌中の有機質が欠乏している。土を守るということは有機質をいかに循環させるかということであり、大切な環境対策なのである。

　豊かになり、便利になった食生活は行過ぎた食の大量消費をもたらし、家庭においても食べ過ぎ、食べ残し、廃棄や、生ゴミ、食品容器、包装材の廃棄の増加などが環境問題になっている。かつて東京都目黒区でパネル家庭を選んで調査したところ、1 人 1 日当たりのゴミ発生量は 680 グラムで、その 36％が生ゴミ（厨芥）であった。1997 年の環境省の調査でも、毎日出す家庭ゴミの量は平均 630 グラムであり、その湿重量の 32％が生ごみ（台所ごみ）であった。また、容量で見るならばゴミの 60％前後が食品などの容器、包装材であった。年間 1 所帯当たり、1047 枚のトレーと 541 個のパックやカップを排出するという調査例もある。消費者は包装や容器に惑わされず、中身本位で商品の選択

第9章 持続循環型社会における農と食

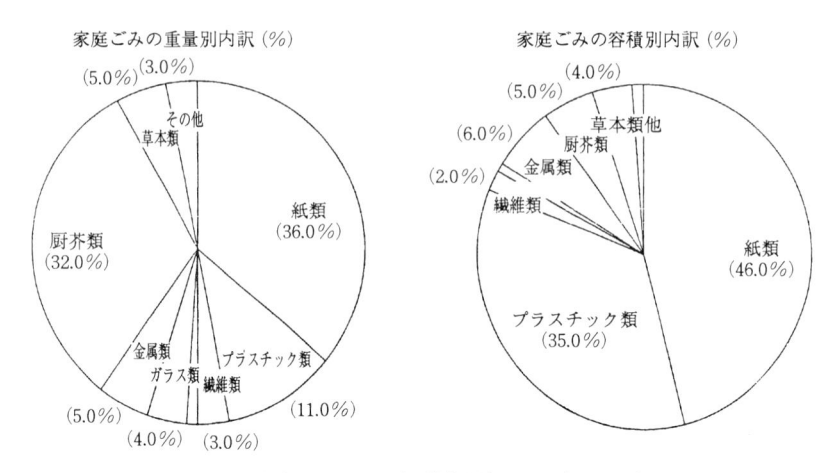

図9.4 家庭ゴミの内訳（環境省調査、1997年による）

を行い、不要、過剰な包装を断り、できるだけ再利用可能な容器、包装を選ぶことでゴミの発生量を減らすことができる。各地で行われている家庭ゴミ減量作戦によると、食品ロスの削減、分別収集の徹底、生ゴミの堆肥化、コンポスト化などで1日350グラム程度には減らせるようである。環境省は循環型社会形成促進法に基づき、2010年までに家庭ゴミを2割削減して1人1日500グラムにすることを目標にしている。

　国民1人当たりの食料供給熱量と摂取熱量の差が、1日680キロカロリーにまで拡大していて、供給食料エネルギーの実に26％にもなっていることは第1章で述べた。1年間に消費される1億3000万トンの食料の4分の1が食べ残しになっていることになる。この数字の根拠にしている食料需給表と国民栄養調査は集計方法が同じでないので、単純に引き算して26％の食料ロスがあるというのには無理がある。しかし、1965年には、この差は284キロカロリーで供給食料エネルギーの11％に過ぎなかったから、かなり多くの食料が無駄にされるようになったことをうかがわせる。この間、摂取エネルギーは10％も減少しているのに、供給エネルギーが8％も増加しているからである。第1章で説明したように、調査で捕捉しきれていない食べ過ぎと食料の無駄使いが増えているのである。

　豊かさに慣れ、過剰な利便性を追い求める現代の食生活は多くのエネルギーの無駄を生じている。一つの例を挙げてみよう。かつては季節やその土地の特

色を食べ物を介して感じ取れたものであるが、今ではそのようなことは少なくなり、季節や地域に関係なくさまざまな食材を入手できる。わが国の農業生産に使用される全投入エネルギー（ライフサイクルエネルギー）は、1960年ごろ

〈食料生産投入エネルギー量／食品熱量〉比

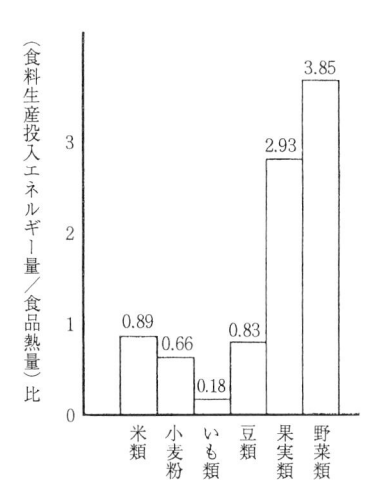

米類 0.89
小麦粉 0.66
いも類 0.18
豆類 0.83
果実類 2.93
野菜類 3.85

図9.5 日本の農業におけるエネルギー産出・投入比
（資源協会編：家庭生活のライフサイクルエネルギー、あんほるめ、1994年より転載）

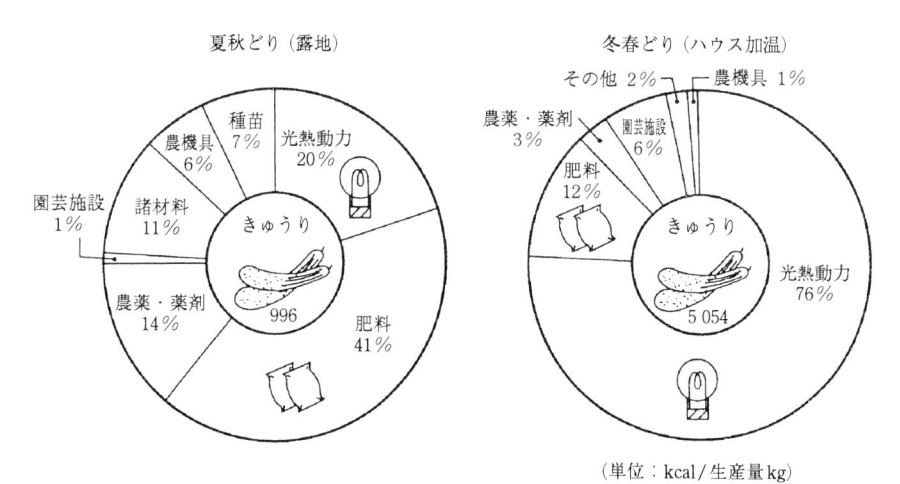

夏秋どり（露地）
きゅうり 996
種苗 7%
農機具 6%
光熱動力 20%
諸材料 11%
園芸施設 1%
農薬・薬剤 14%
肥料 41%

冬春どり（ハウス加温）
きゅうり 5 054
その他 2%
農機具 1%
農薬・薬剤 3%
園芸施設 6%
肥料 12%
光熱動力 76%

（単位：kcal／生産量kg）

図9.6 キュウリ1kgを生産するために必要なエネルギー
（資源協会編：家庭生活のライフサイクルエネルギー、あんほるめ、1994年より転載）

に比べると3倍ぐらいに増えていて68兆キロカロリーにもなっているが、その7割は化学肥料の生産とトラクターなど農機具とその燃料として投入された間接エネルギーである。かつては農作物生産に投入されるエネルギー量はその作物の食品エネルギーより少ないのが普通であった。ところが現代のように化学肥料を多用し、機械化を進めた農業では、生産される農産物の熱量よりも使用する化石エネルギーの熱量の方が多くなっている。豆類1トン、408万キロカロリーを収穫するためには約100万キロカロリーで済み、米1トン、351万キロカロリーを収穫するには319万キロカロリーが必要である。野菜の栽培には多くのエネルギーが必要で、キュウリは露地栽培でも1トン、11万キロカロリーを収穫するのに9倍の99万キロカロリーを投入している。加温ハウス栽培なら505万キロカロリーと実に46倍のエネルギーが使用される。ハウス栽培は露地栽培に比べて5倍以上のエネルギーを必要とするのである。消費者が季節にかまわず周年供給を求めるため、露地栽培の数倍のエネルギーを投入してハウス栽培されたトマト、キュウリ、ピーマンが全生産量の60％を、イチゴでは90％を占めるようになっている。真冬にイチゴやキュウリを求めたりせず、地産地消で季節のものを食べるようにしてエネルギーの無駄使い、環境への負荷を減らすのが環境保全型持続社会に生きる消費者の食生活である。

参考書と統計資料

第1章
小塚善文著「食の変化と食品メーカーの成長」農林統計協会、1996年
吉田泰治、田島　真編「食料経済」講談社サイエンティフィク、1999年

第2章
食料、農業政策研究センター編「食品、農産物の安全性」農山漁村文化協会、1994年
栗原紀夫著「豊かさと環境」化学同人、1997年
筏　義人著「環境ホルモン」講談社、1998年
三浦敏明,扇谷　悟著「暮らしと環境」三共出版、1998年
宮田秀明著「ダイオキシン」岩波書店,1999年
中村靖彦著「狂牛病」岩波書店、2001年
西川洋三著「環境ホルモン」日本評論社、2003年

第3章
谷野　陽著「人にはどれだけの土地がいるか」農林統計協会、1997年
食料、農業政策研究センター編「農産物の輸入と市場の変貌」農山漁村文化協会、2000年

第4章
石　弘之著「地球環境報告」岩波書店、1988年
綿抜邦彦編著「100億人時代の地球」農林統計協会、1998年

第5章
水谷　広著「地球とうまく付き合う話」共立出版、1987年
玉木浩二著「地球環境、農業、エネルギー」理工図書、2002年
増島　博、藤井国博、松丸恒夫著「環境化学概論」朝倉書店、2003年

第6章
保田仁資著「やさしい環境科学」化学同人、1996年
藤田四三雄、園　欣弥著「改訂 水と生活」槙　書店、2001年

第7章
森下　研著「食品業界　ISO 14001入門」日本食料新聞社、1999年

遠藤保雄著「食品産業のグリーン化」日報出版、2001年

第8章
原　剛著「日本の農業」岩波書店、1994年
原　剛著「農から環境を考える」集英社、2001年

第9章
寄本勝美著「ごみとリサイクル」岩波書店、1990年
久馬一剛著「食料生産と環境」化学同人、1997年
三橋規宏著「環境経済入門」日本経済新聞社、1998年
全国農業協同組合連合会、中央会編「環境保全型農業」家の光協会、2002年
足立恭一郎著「食農同源」コモンズ、2003年

統計資料
農林水産省編「食料需給表」農林統計協会
健康、栄養情報研究会編「国民栄養の現状」第一出版
食生活情報サービスセンター編「食生活データーブック」農林統計協会
三輪昌男監修「世界と日本の食料、農業、農村に関するファクトブック」
　　　全国農業協同組合中央会
農林統計協会編「図説　食料、農業、農村白書」農林統計協会
環境省編「環境白書」(株)ぎょうせい

橋本　直樹（はしもと　なおき）

略歴

1934年　京都市生まれ

1956年　京都大学農学部農芸化学科卒業、農学博士、技術士
　　　　キリンビール（株）に入社し総合研究所でビール醸造の科学と技術を研究。開発科学研究所長を経て常務取締役・横浜工場長で退任。現在　東京農業大学講師、（財）環境科学総合研究所で活動。日本農芸化学技術賞を受賞

主な著書

ビールのサイエンス（英文、共著、アカデミックプレス）

酒の科学（共著、朝倉書店）

ビールの話－おいしさの科学－（技報堂出版）

レクチャーバイオテクノロジー（培風館）

食の健康科学（第一出版）

JCLS	〈㈱日本著作出版権管理システム委託出版物〉

2004	2004年7月30日 第1版発行
見直せ 日本の食料環境	
著者との申 し合せによ り検印省略	著 作 者　　橋　本　直　樹
ⓒ著作権所有	発 行 者　　株式会社　養　賢　堂 　　　　　　代 表 者　　及　川　　清
定価 2520 円 （本体 2400 円） （　税　5％　）	印 刷 者　　星野精版印刷株式会社 　　　　　　責 任 者　星野恭一郎
発 行 所	〒113-0033 東京都文京区本郷5丁目30番15号 株式 養賢堂 TEL 東京(03)3814-0911 振替00120 FAX 東京(03)3812-2615 7-25700 URL http://www.yokendo.com/

ISBN4-8425-0365-3 C3061

PRINTED IN JAPAN　　　　　製本所　板倉製本印刷株式会社

本書の無断複写は、著作権法上での例外を除き、禁じられています。
本書は、㈱日本著作出版権管理システム（JCLS）への委託出版物です。本書を複写される場合は、そのつど㈱日本著作出版権管理システム（電話03-3817-5670、FAX03-3815-8199）の許諾を得てください。